Das Tierreich

Eine Zusammenstellung und Kennzeichnung der rezenten Tierformen

Gegründet von der Deutschen Zoologischen Gesellschaft

Im Auftrage der

Preußischen Akademie der Wissenschaften zu Berlin

herausgegeben von

F. E. Schulze (†), W. Kükenthal (†)

fortgesetzt von **K. Heider**, seit 1927 von **R. Hesse**

Schriftleiter: **C. Apstein**

Seit Linnés Systema naturae ist die Zahl der bekannten Tierformen so angewachsen, daß eine neue, umfassende Übersicht des Systems, die als Abschluß der bisherigen und als Grundlage künftiger systematischer Forschung dienen kann, ein dringendes Bedürfnis geworden ist. Um diese Aufgabe zu erfüllen, hatte die Deutsche Zoologische Gesellschaft das vorliegende Werk gegründet und dessen wissenschaftliche Leitung Herrn Geh. Reg.-Rat Prof. **F. E. Schulze** in Berlin anvertraut. Das gewaltige Unternehmen fand die Unterstützung der Preußischen Akademie der Wissenschaften, die in Würdigung der Bedeutung des Werkes im Jahre 1902 die Herausgabe übernommen hat.

Die Herausgabe findet in Lieferungen statt, die je eine oder mehrere nahestehende Gruppen behandeln, jedoch unabhängig von einer systematischen Folge erscheinen.

Jede Lieferung ist einzeln käuflich. Dem Umfang entsprechend ist der Preis der Lieferungen verschieden; **jedoch wird den Subskribenten, die sich für die Abnahme von fünf hintereinander erscheinenden Lieferungen verpflichten, ein Nachlaß von zwanzig Prozent des bei Ausgabe der Lieferung festgesetzten Ladenpreises gewährt.**

Nach einer Umfrage bei den bisherigen Bearbeitern haben folgende Herren ihre Mitarbeit zugesagt, resp. neue Bearbeiter sind hinzugekommen:

Bearbeiter: Dr. **E. Ahl** in Berlin, Dr. **W. Arndt** in Berlin, Graf Dr. **C. Attems** in Wien, **R. S. Bagnall** und **Hood** in Oxford, England, Prof. **Bischoff** in Berlin, Prof. **Boschma** in Leiden, Lehrer **H. Fahrenholz** in Hannover, Prof. Dr. **H. Friese** in Schwerin, Lehrer **H. Gebien** in Hamburg, Dir. **E. Hartert** in Tring, Dr. **C. E. Hellmayr** in München, Prof. **A. Jacobi** in Dresden, Dr. **K. Jordan** in Tring, Hauptlehrer **Fr. Kiefer** in Dilsberg bei Heidelberg, Prof. **C. A. Kofoid** in Berkeley (California), Dr. **H. A. Krauss** in Tübingen, Prof. **T. Krumbach** in Berlin, Dr. **H. Kuntzen** in Berlin, Prof. **A. Laubmann** in München, Dir. Prof. **H. Lohmann** in Hamburg, Prof. Dr. **T. Mortensen** in Kopenhagen, Dr. **E. Neresheimer** in Wien, **W. D. Pierce** in Washington, Dr. **E. Reisinger** in Köln, Prof. **L. Rhumbler** in Hannov.-Münden, Lord **W. Rothschild** in Tring, Dr. **F. A. Schilder** in Naumburg/Saale, Prof. **O. Schmiedeknecht** in Blankenburg, Prof. **E. Stechow** in München, Dr. **O. Steinböck** in Innsbruck, Dr. **H. Stichel** in Berlin-Lichterfelde-Ost, Dr. **T. Stingelin** in Olten, Konrektor **H. Stitz** in Berlin, Dr. **E. Stresemann** in Berlin, Prof. **J. Thiele** in Berlin, Schuldirektor **S. Thor** in Oslo, Dr. **G. Ulmer** in Hamburg, **K. Viets** in Bremen, Prof. **F. Werner** in Wien.

Siehe auch S. 3 des Umschlags!

Das Tierreich

Eine Zusammenstellung und Kennzeichnung der rezenten Tierformen

Gegründet von der Deutschen Zoologischen Gesellschaft

Im Auftrage der

Preußischen Akademie der Wissenschaften zu Berlin

herausgegeben von

F. E. Schulze (†), W. Kükenthal (†)

fortgesetzt von **K. Heider**, seit 1927 von **R. Hesse**

Schriftleiter: **C. Apstein**

„Πάντα ῥεῖ“ *„Sine systemate chaos“*

53. Lieferung

Crustacea Copepoda

2. Cyclopoida Gnathostoma

bearbeitet von

F. Kiefer
Dilsberg b. Heidelberg

Mit 42 Abbildungen

Berlin und Leipzig 1929

Walter de Gruyter & Co.

vormals G. J. Göschen'sche Verlagshandlung — J. Guttentag, Verlagsbuchhandlung
Georg Reimer — Karl J. Trübner — Veit & Comp.

Ausgegeben Oktober 1929

Das Tierreich

Im Auftrage der

Preußischen Akademie der Wissenschaften zu Berlin

herausgegeben von

F. E. Schulze (†), W. Kükenthal (†)

fortgesetzt von **K. Heider**, seit 1927 von **R. Hesse**

Schriftleiter: **C. Apstein**

53. Lieferung

Crustacea Copepoda

2. Cyclopoida Gnathostoma

bearbeitet von

F. Kiefer
Dilsberg b. Heidelberg

Mit 42 Abbildungen

Berlin und Leipzig 1929

Walter de Gruyter & Co.

vormals G. J. Göschen'sche Verlagshandlung — J. Guttentag, Verlagsbuchhandlung
Georg Reimer — Karl J. Trübner — Veit & Comp.

Ausgegeben Oktober 1929

Druck: August Hopfer, Burg Bz. Mgdbg.

Inhalt

Die Literatur wurde bis Anfang 1929 berücksichtigt.

Vorbemerkung

Die vorliegende Arbeit war schon vor 30 Jahren geplant. Damals hätten die *Cyclopidae* (i. w. S.) und die *Harpacticidae* (i. w. S.) gemeinsam herauskommen sollen. Die Bearbeitung der *Cyclopidae* durch Schmeil ist eingeliefert worden, aber nicht zum Druck gekommen. Dieses Manuskript ist mir vor einigen Jahren auf Anregung und durch freundliche Vermittlung von Herrn Prof. Dr. Otto Schmeil zur Verfügung gestellt worden, wofür ich auch an dieser Stelle geziemend danken möchte. Es behandelte, dem damaligen Stand der Anschauungen und Kenntnisse entsprechend, nur 33 sichere Arten der *Cyclopidae* (i. w. S.) und ist nach eingehender Überprüfung der Literatur- und Synonymieangaben in die vorliegende Lieferung mit hineinverarbeitet worden.

Die Literatur ist bis 1. Oktober 1928 berücksichtigt; nur einige Arbeiten sind noch jüngeren Datums.

Erklärung der Abkürzungen

A_1 = 1. oder Vorderantennen.
Abd. = Abdomen.
Abdsegm. = Abdominalsegment.
Basp. = Basipodit.
Enp. = Endopodit.
Enp.$_1$, Enp.$_2$, Enp.$_3$, Enp.$_4$ = Endopodit des 1., 2., 3., 4. Schwimmfußes.
Exp. = Exopodit.
Exp.$_1$, Exp.$_2$, Exp.$_3$, Exp.$_4$ = Exopodit des 1., 2., 3., 4. Schwimmfußes.
Gen. = Genital.
Gl. = Glied; . . . gl. = . . . glied.
gldr. = gliedrig.
P_1, P_2, P_3, P_4, P_5 = Fuß des 1., 2., 3., 4., 5. Paares.
Rec. sem. = Receptaculum seminis.
Segm. = Segment.
L. = Länge (von der Stirn bis einschließlich Furca — ohne Endborsten).
Dornformel = Anzahl der Dornen am Endglied des Exp.$_1$, Exp.$_2$, Exp.$_3$, Exp.$_4$.

Die Mundgliedmaßen sind im Sinne Giesbrechts benannt (Das Tierreich, Lfg. 6, p. 2).

Für die Benennung der Körperabschnitte vgl. Fr. Kiefer in: Zool. Jahrb., Syst. *v.* 54 p. 499.

Literatur-Kürzungen

Abh. Bayer. Ak. — Abhandlungen der mathematisch-physikalischen Classe der Königlich Bayerischen Akademie der Wissenschaften. München. 4.

Abh. Senckenb. Ges. — Abhandlungen, herausgegeben von der Senckenbergischen naturforschenden Gesellschaft. Frankfurt a. M. 4.

Abh. Ver. Bremen — Abhandlungen, herausgegeben vom naturwissenschaftlichen Vereine zu Bremen. Bremen. 8.

Acta Soc. Fauna Fenn. — Acta Societatis pro Fauna et Flora Fennica. Helsingforsiae. 8.

Amer. Natural. — The American Naturalist. Salem (Philadelphia) (Boston). 8.

Ann. Biol. lacustre — Annales de Biologie lacustre publiées sous la Direction du Ernest Rousseau. Bruxelles. 8.

Ann. Durban Mus. — Annals of the Durban Museum. Durban.

Ann. nat. Hist. — The Annals and Magazine of natural History, including Zoology, Botany, and Geology. London. 8.

Annot. zool. Jap. — Annotationes zoologicae Japonenses. Tokyo. 8.

Ann. S. Afr. Mus. — Annals of the South African Museum. Cape Town. 8.

Ann. Sci. nat. — Annales des Sciences naturelles. — [Sér. 2—4:] Zoologie ([Sér. 5 & sequ.:] Zoologie et Paléontologie). Paris. 8.

Ann. trop. Med. — Annals of tropical Medicine and Parasitology. Liverpool. 8.

Annuaire Mus. St.-Pétersb. (Petrograd) — Annuaire du Musée zoologique de l'Académie Impériale des Sciences de St.-Pétersbourg. St.-Pétersbourg (Petrograd). 8.

Anz. Ak. Wien — Anzeiger der Kaiserlichen Akademie der Wissenschaften. Mathematisch-naturwissenschaftliche Classe. Wien. 8.

Arb. Inst. Innsbruck — Arbeiten aus dem zoologischen Institut der Universität Innsbruck. Berlin. 8.

Arb. Inst. Wien — Arbeiten aus dem zoologischen Institute der Universität Wien und der zoologischen Station in Triest. Wien. 8.

Arb. Vers. Russ. Naturf. — Arbeiten der Versammlung Russischer Naturforscher [ab *v.* 5:] und Ärzte in St.-Petersburg. St.-Petersburg. 4.

Arch. Balaton. — Archivum Balatonicum. Budapest. 8.

Arch. Hydrob. Planktonk. — Archiv für Hydrobiologie und Planktonkunde. (Neue Folge der Forschungsberichte aus der Biologischen Station zu Plön.) Stuttgart. 8.

Arch. Landesdf. Böhmen — Archiv für die naturwissenschaftliche Landesdurchforschung von Böhmen. Hrsg. von den beiden Comités für die Landesdurchforschung. Prag. 8.

Arch. Naturg. — Archiv für Naturgeschichte. Berlin. 8.

Arch. Naturv. Kristian. — Archiv for Mathematik og Naturvidenskab. Kristiania. 8.

Arch. Zool. expér. — Archives de Zoologie expérimentale et générale. Paris. 8.

Baird, Brit. Entom. — The natural History of the British Entomostraca. By W. Baird. London (Ray Soc.). 1850. 8.

Baker, Empl. Micr. — Employment for the Microscope. In two Parts .... By Henry Baker. Edition 2. London. 1764. 8.

Ber. Komm. D. Meere — Bericht ([*v.* 1—3:] Jahresbericht) der Kommission zur wissenschaftlichen Untersuchung der Deutschen Meere in Kiel. Berlin. 2.

Berlin. ent. Z. — Berliner entomologische Zeitschrift. Berlin. 8.

Ber. Ver. Innsbruck — Berichte des naturwissenschaftlichen-medizinischen Vereins in Innsbruck. Innsbruck. 8.

Bibl. zool. — Bibliotheca zoologica. Original-Abhandlungen aus dem Gesammtgebiete der Zoologie. Cassel, Stuttgart. 4. [sequ.: *Zool.*]

Boll. Ist. zool. Roma — Bolletino dell' Istituto zoologica dell' Università di Roma. Roma. 8.

Brady, Cop. Brit. Isl. — A Monograph of the free and semi-parasitic Copepoda of the British Islands. By G. Stewardson Brady. *v.* 1—3. London. 1878, 80, 80. 8.

Bull. Ac. Cracovie — Bulletin international de l'Académie des Sciences de Cracovie. Classe des Sciences mathématiques et naturelles. Anzeiger der Akademie der Wissenschaften in Krakau. Mathematisch-naturwissenschaftliche Classe. Cracovie. 8.

Bull. (Boll.) Soc. ent. Ital. — Bullettino (Bolletino) della Società entomologica Italiana. Firenze. 8.

Bull. Illinois Laborat. — Bulletin of the Illinois State Laboratory of natural History. Peoria, Springfield, Urbana. 8.

Bull. Inst. hydrol. Russie — Bulletin de l'Institut hydrologique de Russie. Petrograd. 8.

Bull. Soc. Cluj — Bulletin de la Société des Sciences de Cluj, Roumanie. Cluj. 8.

Bull. Soc. Maroc — Bulletin de la Société des Sciences naturelles du Maroc. Rabat-Paris. 8.

Bull. Soc. Moscou — Bulletin de la Société Impériale des Naturalistes de Moscou. Moscou. 8.

Bull. Soc. zool. France — Bulletin de la Société zoologique de France. Paris. 8.

Bull. U. S. Fish Comm. — Bulletin of the United States Fish Commission. Washington. 8.

Cat. Invert. Suisse — Catalogue des Invertébrés de la Suisse. Genève. 8.

Claus, Cop. Nizza — Die Copepoden-Fauna von Nizza. Ein Beitrag zur Charakteristik der Formen und deren Abänderungen im Sinne Darwin's von C. Claus. Schr. Ges. Marburg, suppl. 1. Marburg und Leipzig. 1866. 4.

Claus, Freileb. Cop. — Die frei lebenden Copepoden mit besonderer Berücksichtigung der Fauna Deutschlands, der Nordsee und des Mittelmeeres von C. Claus. Leipzig. 1863. 4.

Cold Spring Harb. Monogr. — Cold Spring Harbor Monographs. Brooklyn. 8.

Dahl, Tierw. Deutschl. — Die Tierwelt Deutschlands und der angrenzenden Meeresteile nach ihren Merkmalen und nach ihrer Lebensweise. Herausgegeben von Friedrich Dahl. Jena. 8.

Desmarest, Consid. gén. Crust. — Considérations générales sur la Classe des Crustacés, et Description des Espèces de ces Animaux, qui vivent dans la Mer, sur les Côtes, ou dans les Eaux douces de la France. Par Anselme-Gaetan Desmarest. Paris, Strasbourg. 1825. 8.

D.-O.-Afr. — Deutsch-Ost-Afrika. Wissenschaftliche Forschungsresultate über Land und Leute unseres Ostafrikanischen Schutzgebietes und der angrenzenden Länder. — *v.* 3, 4: Die Tierwelt Ost-Afrikas und der Nachbargebiete. Herausgegeben unter Redaktion von K. Möbius. Berlin. 1895, 98. 8.

D. Südp.-Exp. — Deutsche Südpolar-Expedition 1901—1903. Im Auftrage des Reichsamtes des Innern herausgegeben von Erich von Drygalski. Zoologie. Berlin. 4.

Ergeb. D. Zentr.-Afr.-Exp. — Wissenschaftliche Ergebnisse der Deutschen Zentral-Afrika-Expedition 1907—1908 unter Führung Adolf Friedrichs, Herzogs zu Mecklenburg. Leipzig. 8.

Ergeb. Hamburg. Magalh.-Sammelr. — Ergebnisse der Hamburger Magalhaensischen Sammelreise 1892/93. Herausgegeben vom Naturhistorischen Museum zu Hamburg. *v.* 1—8. Hamburg. 1896—1907. 8.

Ergeb. Schwed. Südp.-Exp. — Wissenschaftliche Ergebnisse der Schwedischen Südpolar-Expedition 1901—1903 unter Leitung von Otto Nordenskjöld. Stockholm. 4.

Ergeb. Tiefsee-Exp. — Wissenschaftliche Ergebnisse der Deutschen Tiefsee-Expedition auf dem Dampfer „Valdivia" 1898—1899. Im Auftrage des Reichsamtes des Innern herausgegeben von Carl Chun und nach seinem Tode fortgesetzt von A. Brauer, E. Vanhöffen und C. Apstein. Jena. 4.

Fauna Geogr. Maldiv. — The Fauna and Geography of the Maldive and Laccadive Archipelagoes. Being the Account of the Work carried on and of the Collections made by an Expedition during the years 1899 and 1900 edited by J. Stanley Gardiner. Vol. 1, 2. Cambridge. 1903 (1901—03), 1903, 05. 4.

Faune Colon. Franç. — Faune des Colonies Françaises. Paris. 8.
Feuille Natural. — La Feuille des jeunes Naturalistes. |Revue mensuelle d'Histoire naturelle.| |Fondée à Mulhouse en 1870.| Paris. 8.
F. Fl. Neapel — Fauna und Flora des Golfes von Neapel und der angrenzenden Meeres-Abschnitte herausgegeben von der zoologischen Station zu Neapel. Leipzig (Berlin). 4.
Forh. Selsk. Christian. — Forhandlinger i Videnskabs-Selskabet i Christiania. Christiania. 8.
Frey, Grundwassertiere — Fr. Frey, Die Grundwassertiere von München mit Rücksicht auf die verwandten ober- und unterirdischen Arten. München. 1869. 8. Dissertation.
Gay, Hist. Chile — Historia fisica y politica de Chile segun Documentos adquiridos ... y publicada bajo los Auspicios del supremo Gobierno por Claudio Gay. — Zoologia. Tom. 1—8; Atlas. Paris. 1847—54. 8 & 2.
Int. Rev. Hydrob. — Internationale Revue der gesamten Hydrobiologie und Hydrographie von R. Woltereck. Leipzig. 8.
Int. Rev. Hydrob., Biol. Suppl. — .... Biologische Supplemente.
J. Ac. Philad. — Journal of the Academy of natural Sciences of Philadelphia. Philadelphia. 8 (4).
Jahresh. Ver. Württemb. — Jahreshefte des Vereins für vaterländische Naturkunde in Württemberg. Stuttgart. 8.
J. Bombay Soc. — The Journal of the Bombay natural History Society. Bombay. 8.
J. Linn. Soc. London — The Journal of the Linnean Society. — Zoology. London. 8.
J. Quekett Club — The Journal of the Quekett microscopical Club. London. 8.
J. R. micr. Soc. — Journal of the Royal microscopical Society. London. 8.
J. R. Soc. N. S. Wales — Journal and Proceedings of the Royal Society of New South Wales. Sydney. 8.
Jurine, Hist. Monocles — L. Jurine, Histoire des Monocles qui se trouvent aux Environs de Genève. Genève. 1820. 4.
Koch, C. M. A. — Deutschlands Crustaceen, Myriapoden und Arachniden. Ein Beitrag zur Deutschen Fauna von C. L. Koch. Heft 1—40. Regensburg. [1835—44.] 16. [= C. L. Koch in: Panzer (Herrich Schäffer), Faun. Ins. Germ., Heft 132 etc.]
Kükenthal & Krumbach, Handb. Zool. — Handbuch der Zoologie. Eine Naturgeschichte der Stämme des Tierreichs. Gegründet von Willy Kükenthal, unter Mitarbeit zahlreicher Fachgelehrten herausgegeben von Thilo Krumbach. Berlin, Leipzig. 1923—. 8.
Lilljeborg, Clad. Ostr. Cop. — W. Lilljeborg, De Crustaceis ex Ordinibus tribus: Cladocera, Ostracoda et Copepoda in Scania occurrentibus. Om den inom Skåne förekommande Crustaceer af Ordningarne Cladocera, Ostracoda och Copepoda. Lund. 1853. 8.
Linné, Syst. Nat., ed. 10 — Caroli Linnaei Systema Naturae per Regna tria Naturae, secundum Classes, Ordines, Genera, Species, cum Characteribus, Differentiis, Synonymis, Locis. Editio X, reformata. — Tomus I. Holmiae. 1758. 8.
Math. termész. Közlem. — Mathematikai és természettudományi Közlemények vonatkozólag a hazai viszonyokra. Kiadja a Magyar Tudományos Akadémia mathematikai és természettudományi állandó bizottsága. Pesten (Budapest). 8.
Mém. Ac. Toulouse — Mémoires ([*v.* 1 — ser. 2 *v.* 6:] Histoire et Mémoires) de l'Académie |Royale | Impériale| des Sciences, Inscriptions et Belles-Lettres de Toulouse. Toulouse. 4(8).
Mem. Ind. Mus. — Memoirs of the Indian Museum. Calcutta. 4.
Mem. Soc. ent. Ital. — Memorie della Società entomologica Italiana. Supplemento del Bolletino della Società Italiana. Genova. 8.
Mém. Soc. Kiew — Mémoires de la Société des Naturalistes de Kiew. Записки Кіевскаго Общества Естествоиспытателей. Kiew. Кіевъ. 8.
Mém. Soc. Neuchâtel — Mémoires de la Société des Sciences naturelles de Neuchâtel. Tome 1—4. Neuchâtel. 1835—74. 4. Mémoires de la Société neuchâteloise des Sciences naturelles. Tome 5. 1912. Neuchâtel. 4.

Mém. Soc. zool. France — Mémoires de la Société zoologique de France. Paris. 8.

Mt. Mus. Hamburg — Mitteilungen aus dem naturhistorischen Museum in Hamburg. Aus dem (Beiheft zum) Jahrbuch der Hamburgischen wissenschaftlichen Anstalten. Hamburg. 8.

Mt. Stat. Neapel — Mittheilungen aus der zoologischen Station zu Neapel. Leipzig (Berlin). 8.

Müller, Entom. — Entomostraca seu Insecta testacea, quae in Aquis Daniae et Norvegiae reperit, descripsit et Iconibus illustravit O. F. Müller. Lipsiae & Hafniae. 1785 (Francofurti ad M., 1792). 4.

Müller, Zool. Dan. Prodr. — Zoologiae Danicae Prodromus, seu Animalium Daniae et Norvegiae indigenarum Characteres, Nomina, et Synonyma imprimis popularium. Auctore Othone Friderico Müller. Havniae. 1776. 8.

Nachr. Ges. Moskau — Извѣстія |Императорскаго| Общества Любителей Естествознанія |Антропологіи и Этнографіи|, состоящаго при Императорскомъ Московскомъ Университетѣ. Москва. [Nachrichten |der Kaiserlichen| Gesellschaft der Freunde der Naturwissenschaften, |Anthropologie und Ethnographie| an der Kaiserlichen Universität Moskau. Moskau.] 4.

Nat. Hist. Tr. Northumb. — Natural History Transactions of Northumberland and Durham |and Newcastle-upon-Tyne|, being Papers read at the Meetings of the natural History Society of Northumberland, Durham and Newcastle-upon-Tyne, and the Tyneside Naturalists' Field Club. London (Newcastle). 8.

Neveu-Lemaire, Lacs Amér. Sud — M. Neveu-Lemaire, Les Lacs des hauts Plateaux de l'Amérique du Sud (Mission scientifique G. de Créqui-Montfort et E. Sénéchal de la Grange). Avec la Collaboration de A. Bavay, E. Chevreux, J. Thoulet et d'autres. Paris. 1907. 8.

Norman & Scott, Crust. Devon Cornwall — The Crustacea of Devon and Cornwall by Canon A. M. Norman and Thomas Scott. London. 1906. 8.

Norske Nordhavs-Exp. — Den Norske Nordhavs-Expedition 1876—1878. The Norwegian North-Atlantic Expedition 1876—1878. *v.* 1—7 (nr. I—XXVIII). Christiania. 1880—1901. 4.

Occas. Papers Mus. Zool. Michigan — Occasional Papers of the Museum of Zoology, University of Michigan. Published by the University. Michigan. 8.

Orv.-Termész. Értes. Erdél. Muz. — Orvos-Természettudományi Értesitö a Kolozsvári orvos-természettudományi Társulat és az Erdélyi Muzeum-Egylet természettudományi Szakosztályának az ... szaküléseiröl és népszerü természettudományi Estélyeiröl. Kiadja a két Társulat. Koloszvár (Klausenburg). 8.

P. Amer. Ac. — Proceedings of the American Academy of Arts and Sciences. Selected from the Records. Boston and Cambridge. 8.

Pam. Fizyjogr. — Pamiętnik Fizyjograficzny. Warszawa. 4.

Panzer (Herrich-Schäffer), Faun. Ins. Germ. — G. W. F. Panzer, Faunae Insectorum Germaniae Initia. ([Heft 111—190:] Deutschlands Insekten, herausgegeben von G. W. F. Panzer, fortgesetzt von G. A. W. Herrich-Schäffer). Heft 1—110; 111—190. Nürnberg (Regensburg). [1793—1823]; [1829—44]. 16.

P. Liverp. biol. Soc. — Proceedings |[Vol. 4 & sequ.:] and Transactions| of the Liverpool biological Society. Liverpool. 8.

Poda, Ins. Mus. Graec. — Insecta Musei Graecensis, quae in Ordines, Genera et Species juxta Systema Naturae Caroli Linnaei digessit Nicolaus Poda. Graecii. 1761. 8.

Pratz, Grundw.-Thiere — Über einige im Grundwasser lebende Thiere. Beitrag zur Kenntniß der unterirdischen Crustaceen. Dissertatio inauguralis E. Pratz. Petersburg. 1866. 8.

P. R. Soc. Van Diemen's Land — Papers and Proceedings of the Royal Society of Van Diemen's Land. Hobart Town. 8.

P. U. S. Mus. — Proceedings of the United States national Museum. Washington. 8.

P. zool. Soc. London — Proceedings of the zoological Society of London. London. 8.

Rad Jugoslav. Ak. — Rad Jugoslavenske Akademije Znanosti i Umjetnosti. Zagreb. 8.

Rec. Ind. Mus. — Records of the Indian Museum (A Journal of Indian Zoology). Calcutta. 8.

Rep. Brit. Ass. — Report of the ... Meeting of the British Association for the Advancement of Science. London. 8.

Rep. Canad. Arct. Exp. — Report of the Canadian Arctic Expedition 1913—1918. Ottawa. 8.

Rep. Fish. Board Scotl. — Annual Report of the Fishery Board for Scotland. Edinburgh. 8.

Rep. geol. Surv. Minnesota — The geological and natural History Survey of Minnesota. The ... annual Report for the Year ... Minneapolis. 8.

Rep. Marlbor. Soc. — Report of the Marlborough College Natural History Society. Marlborough. 8.

Rep. U. S. Fish Comm. — United States Commission of Fish and Fisheries. Report of the Commissioner. Washington. 8.

Rep. Voy. Challenger — Report on the scientific Results of the Voyage of H. M. S. Challenger during the Years 1873—76 under the Command of George S. Nares and Frank Tourle Thomson. Prepared under the Superintendence of |the late| C. Wyville Thomson and now of John Murray. London, Edinburgh, Dublin. 4.

Result. Erforsch. Balatonsees — Resultate der wissenschaftlichen Erforschung des Balatonsees (Plattensees). Herausgegeben von der Balatonsee-Commission der Königl. Ungarischen geographischen Gesellschaft. — *v.* 2I: Die Fauna des Balatonsees. Wien. 1897. 4.

Résult. Voy. Belgica — Résultats du Voyage du S. Y. Belgica en 1897—1898—1899 sous le Commandement de A. de Gerlache de Gomery. Rapports scientifiques publiés aux Frais du Gouvernement Belge, sous la Direction de la Commission de la Belgica. Zoologie. Anvers. 4.

Rev. biol. Nord France — Revue biologique du Nord de la France. Lille. 8.

Rev. Suisse Zool. — Revue Suisse de Zoologie et Annales du Musée d'Histoire naturelle de Genève. Genève. 8.

Rozpr. Ak. Krakow. — Rozprawy i Sprawozdania z Posiedzén Wydziału matematyczno-przyrodniczego Akademii Umiejętności. Krakowie. 8.

Saccardo, Cenni An. entom. — Cenni storico-naturali intorno agli Animaletti entomostracei viventi nella Provincia di Treviso, colla Descrizione di un nuovo Genere e coll' Indicazione della poche altre Specie di essi trovate nel Resto delle Provincie Venete. 1864. Treviso. 8.

Samouelle, Ent. Compend. — The Entomologist's useful Compendium; or an Introduction to the Knowledge of British Insects, ... By George Samouelle. London. 1819. 8.

Sapiski Nowoross. Obschtsch. — Записки Новороссійскаго Общества Естествоиспытателей. Одесса. 8. [Denkschriften der Neurussischen Gesellschaft der Naturforscher. Odessa].

Sars, Crust. Norway — An Account of the Crustacea of Norway with short Descriptions and Figures of all the Species by G. O. Sars. Vol. 1—7. Christiania and Copenhagen (Bergen). 1890—1921. 4.

SB. Böhm. Ges. — Sitzungsberichte der Königl. Böhmischen Gesellschaft der Wissenschaften |in Prag|. — [ann. 1885 & sequ.:] Mathematisch-naturwissenschaftliche Classe. Prag. 8.

SB. Ges. Isis — Sitzungsberichte und Abhandlungen der naturwissenschaftlichen Gesellschaft Isis zu (in) Dresden. Dresden. 8.

Schr. Ver. Bodensee — Schriften des Vereins für die Geschichte des Bodensees und seiner Umgebung. Lindau i. B. 8.

Schr. Ver. Donaueschingen — Schriften des Vereins für Geschichte und Naturgeschichte der Baar und der angrenzenden Landesteile in Donaueschingen. Donaueschingen. 8.

Sci. Invest. Fish. Ireland — Scientific Investigations. Fisheries Branch. Department of Agriculture and Technical Instruction for Ireland. Dublin. 8.

Smithson. Collect. — Smithsonian miscellaneous Collections. Washington. 8.

Svenska Ak. Handl. — Kongliga Svenska Vetenskaps-Akademiens Handlingar. Stockholm. 8 (4).

Temminck, Hist. nat. Pigeons Gallin. — C. J. Temminck, Histoire naturelle générale des Pigeons et des Gallinacées, accompagnée avec Planches anatomiques. *v.* 1—3. Amsterdam. 1813—15. 8.

Termész. Füzetek — Természetrajzi Füzetek |az Állat-, Növény-, Ásvány-, és Földtan Köréböl|. Kiadja a Magyar nemzeti Múzeum. Budapest. 8.

Thienemann, Binnengew. — Die Binnengewässer von August Thienemann. Stuttgart. 8.

Tijdschr. Nederl. dierk. Ver. — Tijdschrift der Nederlandsche dierkundige Vereeniging. s'Gravenhage (Rotterdam, Leiden). 8.

Tr. Amer. micr. Soc. — Transactions of the American microscopical Society. Buffalo. 8.

Trav. Soc. Leningrad, CR. — Travaux de la Société des Naturalistes de Léningrad. Comptes rendus des Séances. Moskau, Leningrad. 8.

Trav. Wimereux — Travaux de l'Institut zoologique de Lille et de la Station maritime de Wimereux ([*v.* 5:] Travaux de l'Institut zoologique de Lille et du Laboratoire de Zoologie maritime de Wimereux) ([*v.* 6:] Travaux du Laboratoire de Zoologie maritime de Wimereux-Ambleteuse). Lille. 4. *v.* 1—6: 1877—92.

Tr. ent. Soc. London — The Transactions of the entomological Society of London. London. 8.

Treubia — Treubia. Recueil de Travaux zoologiques, hydrobiologiques et océanographiques rédigé par W. M. Doctors van Leeuwen, K. W. Dammerman et A. L. J. Sunier. Department van Landbouw, Nijverheid en Handel. „S Lands Plantentuin." |Instituts scientifiques de Buitenzorg|. Weltenvreden —. Batavia. 8.

Tr. Kansas Ac. — Transactions of the Kansas Academy of Science. Topeka. 8.

Tr. Linn. Soc. London — The Transactions of the Linnean Society of London. — [Ser. 2:] Zoology. London. 4.

Tr. Norfolk Soc. — Transactions of the Norfolk and Norwich Naturalist's Society. Norwich. 8.

Tr. N. Zealand Inst. — Transactions and Proceedings of the New Zealand Institute. Wellington (Wellington, London). 8.

Tr. R. Soc. Edinb. — Transactions of the Royal Society of Edinburgh. Edinburgh. 4.

Trudy Kasan. Univ. — Труды Общества Естествоиспытателей при Имп. Казанскомъ Университетѣ. Казань. [Arbeiten der Gesellschaft der Naturforscher an der Kaiserl. Kasanschen Universität. Kasan.] 4 (8).

Tr. Wisconsin Ac. — Transactions of the Wisconsin Academy of Sciences, Arts and Letters. Madison. 8.

Tr. zool. Soc. London — Transactions of the zoological Society of London. London. 4.

U. S. expl. Exp. — United States exploring Expedition. During the Years 1838—42. Under the Command of Charles Wilkes. *v.* 1—17 & 20. New York, Philadelphia etc. 1845—1876. 4 & 2.

Vernet, Observ. Cyclops — H. Vernet, Observations anatomiques et physiologiques sur le Genre Cyclops. Dissert. inauguralis, présentée à la Faculté de Philosophie de Zürich. Genève. 1871. 4.

Z. Hydrol. — Zeitschrift für Hydrologie. Aarau. 8.

Z. Naturw. — Zeitschrift für Naturwissenschaften ([Band 1—54:] Zeitschrift für die gesammten Naturwissenschaften). Halle (Berlin) (Leipzig). 8.

Zool. — Zoologica. Original-Abhandlungen aus dem Gesammtgebiete der Zoologie. Stuttgart. 4.

Zool. Anz. — Zoologischer Anzeiger. Leipzig. 8.

Zool. Bidr. Uppsala — Zoologiska Bidrag från Uppsala. Zoologische Beiträge aus Uppsala. Uppsala. 8.

Zool. Jahrb., Syst. — Zoologische Jahrbücher. — Abtheilung für Systematik, Geographie und Biologie der Thiere. Jena. 8.

Zoologist — The Zoologist: a monthly Journal of natural History. London. 8.

Zool. Rec. — The zoological Record. London. 8.

Z. wiss. Zool. — Zeitschrift für wissenschaftliche Zoologie. Leipzig. 8.

Systematischer Index

II. Subordo **Cyclopoida**[1])

1846 *Cyclopacea* (part.), J. D. Dana in: Ann. nat. Hist., *v.* 18 p. 181/182 | 1852 *Cyclopoidea* (part.), J. D. Dana in: U. S. expl. Exp., *v.* 13II p. 1023 | 1863 *Cyclopidae,* C. Claus, Freileb. Cop., p. 92 | 1886 *Cyclopoidea,* G. O. Sars in: Norske Nordhavs-Exp., *v.* 6 nr. 15 p. 79 | 1892 *Cyclopidae,* Schmeil in: Bibl. zool., pars 11 p. 14 | 1892 *Podoplea* (part.), Giesbrecht in: F. Fl. Neapel, *v.* 19 p. 77 | 1892 *Monoporodelphya* (part.), Canu in: Trav. Wimereux, *v.* 6 p. 127 | 1910 *Cyclopidea,* T. Stebbing in: Ann. S. Afr. Mus., *v.* 6 p. 547 | 1913 *Cyclopoida,* G. O. Sars, Crust. Norway, *v.* 6 p. 1 | 1927 *Ampharthrandria* (part.), V. Brehm in: Kükenthal & Krumbach, Handb. Zool., *v.* 3I p. 490.

Körperform allermeist sehr deutlich *Cyclops*-ähnlich: Vorderkörper mehr oder weniger eirund und scharf gegen den Hinterleib abgesetzt, seltener mehr allmählich in den Hinterleib übergehend. Kopf frei oder mit dem 1. Thoraxsegm. zu einem Cephalothorax verschmolzen. Abd. bei den ♂♂ 5gldr., bei den ♀♀ durch Verschmelzung des 1. und 2. Segm. nur 4gldr.; selten ist das Abd. durch weitere Verschmelzungen noch wenigergldr. Furca sehr kurz bis sehr lang; ihre Bewehrung besteht allermeist aus einer Lateralrandborste, 4 Endborsten, von denen am häufigsten nur die beiden mittleren gut entwickelt sind, und einer nahe der medialen distalen Ecke entspringenden Dorsalborste. Die 1. ♀ Antennen sind sehr verschieden lang, viel- bis wenig-gldr. (26—6 Gl.), bei den ♂♂ beide oder keine genikulierend. 2. Antennen einästig, 2—4gldr., bei einer Gruppe parasitischer Formen mit verkümmertem Exp. Mundgliedmaßen beißend oder saugend. Glieder der Schwimmfußäste meist gedrungen; Äste meist 3gldr., Exp. und Enp. nahezu gleichlang. P_5 einästig, 4gldr. bis ungegliedert, sehr selten fehlend, in beiden Geschlechtern ganz oder nahezu gleich gebaut. Herz fehlt. Das Ovarium besitzt verästelte Divertikel; die Ovidukte münden rechts und links am 1. Abdsegm.; Hoden unpaar, oberhalb des Darmes im vorderen Körperabschnitt gelegen. Naupliusauge allermeist vorhanden, bei einigen unterirdischen Formen jedoch zurückgebildet. Die Eier werden in 2 länglichen Eierballen getragen, die seitlich angeheftet oder etwas dorsal verlagert sind.

Im Meere, im Brack- und Süßwasser, in Salzgewässern des Binnenlandes. Pelagisch, litoral, unterirdisch und in feuchten Moosen; freilebende und mehr oder weniger schmarotzende Formen.

3 Sektionen.

Übersicht der Sektionen:

1	Hinterantenne mit 1gldr. Nebenast	2. Sect. **Siphonostoma**
	Hinterantenne ohne Nebenast — 2	
2	Mundteile beißend, Mandibel vorhanden	1. Sect. **Gnathostoma**
	Mundteile saugend, Mandibel fehlt	3. Sect. **Poecilostoma**

[1]) Die I. Subordo der Copepoda wird von den *Calanoida* gebildet, die von W. Giesbrecht und O. Schmeil unter dem Namen „*Gymnoplea*“ in der 6. Lfg. des vorliegenden Werkes (1898) behandelt worden sind.

1. Sect. **Gnathostoma**

1860 *G.* (part.), Thorell in: Svenska Ak. Handl., n. ser. *v.* 3 nr. 8 p. 14 | 1913 *G.*, G. O. Sars, Crust. Norway, *v.* 6 p. 3.

Beim ♂ beide Vorderantennen genikulierend. Hinterantennen 2—4gldr., ohne Nebenast, am Ende mit langen gekrümmten Borsten versehen. Mundteile beißend. Kauteil der Mandibel (Fig. 5a, 7a, 16a) und 1. Maxille stark gezähnt. Maxillarfüße ohne Greifhaken, in beiden Geschlechtern gleich gebaut. — Die ♂♂ unterscheiden sich von den ♀♀ außer durch Gliederung und Bau des Abd. und der Vorderantennen in manchen Fällen auch noch durch weitere sekundäre Geschlechtsmerkmale an den Schwimm- und rudimentären Beinen und der Furca (andere Größen-, Form- und Zahlverhältnisse von Borsten und Dornen).

Freilebend. Im Meer, im Brack- und Süßwasser, auch in salzhaltigen Binnengewässern. Zum kleineren Teil pelagisch, zum größeren litoral und in Kleingewässern, auch unterirdisch und in feuchten Moosen.

3 Familien mit 18 Gattungen, 192 sicheren Arten und 13 Unterarten.

Übersicht der Familien:

1	Mandibularpalpus gut entwickelt, mehrgldr. (Fig. 5a, 7)	— 2
	Mandibularpalpus sehr stark verkümmert, 1 Höcker mit 3 Borsten (Fig. 16a)	3. Fam. **Cyclopidae**
2	Hinterantennen 2—3gldr.	1. Fam. **Oithonidae**
	Hinterantennen 4gldr. (nur bei *Pterinopsyllus* 3gldr.)	2. Fam. **Cyclopinidae**

1. Fam. **Oithonidae**

1852 *Oithoninae* (Subfam. der *Calanidae*), J. D. Dana in: U. S. expl. Exp., *v.* 13 II p. 1045 | 1886 *Oithonellidae*, G. O. Sars in: Norske Nordhavs-Exp., *v.* 6 nr. 15 p. 79 | 1892 *Cyclopidae* (part.) (mit Subfam. *Oithonina* [part.]), Giesbrecht in: F. Fl. Neapel, *v.* 19 p. 36 | 1913 *Oithonidae*, G. O. Sars, Crust. Norway, *v.* 6 p. 4 | 1928 *O.*, F. Kiefer in: Zool. Anz., *v.* 75 p. 221.

Körper schlank. Kopf frei. Rostrum spitz oder gerundet, zum Teil stark entwickelt. Vorderantennen lang bis sehr lang, schlank. Hinterantennen 2—3gldr. Mandibel und Maxille zum Teil mit kräftigen, klauenförmig gekrümmten Dornen versehen (Fig. 2). Die Maxillarfüße sehr gestreckt. Äste der Schwimmbeine 3-, seltener nur 2gldr. 5. Füßchen meist stark verkümmert.

2 Unterfamilien mit 3 sicheren Gattungen und 1 unsicheren.

Übersicht der beiden Unterfamilien:

P_5 sehr stark verkümmert (Fig. 1)	A. Subfam. **Oithoninae**
P_5 weniger verkümmert, deutlich 2gldr. (Fig. 4)	B. Subfam. **Limnoithoninae**

A. Subfam. **Oithoninae**

1928 *O.*, F. Kiefer in: Zool. Anz., *v.* 75 p. 221.

P_5 stark verkümmert. Ehemaliges Grundglied nahezu völlig mit dem 5. Thoraxsegm. verschmolzen, nur noch als kleiner Höcker mit einer Borste zu erkennen; das 2. Gl. noch etwas besser erhalten, klein, schmal mit 1 (bei 3 Arten mit 2) endständigen Borsten versehen (Fig. 1). Mindestens am Lateralast von P_4 ein oder einige Lateralranddornen fehlend oder doch sehr stark verkümmert.

Marin, pelagisch. 1 Art im Süßwasser.

2 sichere Gattungen mit 22 sicheren und 3 unsicheren Arten, und 1 unsichere Gattung mit 1 unsicheren Art.

Übersicht der sicheren Gattungen:

Enp. von P_1—P_4 3gldr.	1. Gen. **Oithona**
Enp. von P_1—P_4 2gldr.	2. Gen. **Paroithona**

1. Gen. **Oithona** W. Baird

1843 *O.*, W. Baird in: Zoologist, *v.* 1 p. 59 | 1846 *Scribella*, J. D. Dana in: Ann. nat. Hist., *v.* 18 p. 183 | 1852 *Oithona*, J. D. Dana in: U. S. expl. Exp., *v.* 13II p. 1097 | 1863 *O.*, C. Claus, Freileb. Cop., p. 104 | 1886 *Oithonella*, G. O. Sars in: Norske Nordhavs-Exp., *v.* 6 nr. 15 p. 79 | 1892 *Oithona*, Giesbrecht in: F. Fl. Neapel, *v.* 19 p. 77 | 1913 *O.*, G. O. Sars, Crust. Norway, *v.* 6 p. 4 | 1917 *O.*, Rosendorn in: Ergeb. Tiefsee-Exp., *v.* 23 p. 6.

Furcaläste kurz, bisweilen stark gespreizt. Stirn beim ♀ meist in einem spitzen Rostrum endigend, bei einigen Arten (beim ♂ stets) gerundet. ♀ Vorderantennen bei manchen Formen fast so lang wie der ganze Körper, in anderen Fällen kürzer. Hinterantennen 2-, seltener 3gldr. Mandibel mit kleinem 1gldr. Enp. und 3—4gldr. Exp., 2. Basalgld. am Ende mit 2 Borsten. Lobus 3 der 1. Maxille mit 3 Borsten. 2. Gl. des Maxillipeden mit Stacheln, 3. Gl. lang, mit 3 Borsten. Exp. und Enp. der Schwimmbeine 3gldr. P_5: 1. Gl. bis auf einen kleinen, eine Borste tragenden Höcker reduziert. 2. Gl. ebenfalls klein, schmal, mit einer (bei 3 Arten mit 2) Endborste. — Die (noch nicht von allen Arten bekannten) ♂♂ unterscheiden sich von ihren ♀♀ (äußerlich) außer im Bau des Abd. und der Vorderantennen zum Teil auch noch durch weitere sekundäre Geschlechtsmerkmale wie insbesondere durch eine stärkere Bedornung der Exp. der Schwimmbeine.

20 sichere, 3 unsichere Arten; im Meer; pelagisch. 1 Art im Süßwasser.

Typus: *O. plumifera* W. Baird

Übersicht der sicheren Arten:

a) Weibchen:

1	Rostrum vorhanden — 2	
	Rostrum fehlt — 12	
2	Stirn dorsal spitz auslaufend — 3	
	Stirn dorsal breit — 9	
3	$Exp._1$ mit 1, 1, 2 Lateralranddornen — 4	
	$Exp._1$ mit 1, 1, 3 Lateralranddornen — 6	
4	Gensegm. ventral mit Haarbüschel	1. **O. plumifera**
	Gensegm. ventral ohne Haarbüschel — 5	
5	Spitze des Rostrum dorsal gestreckt	2. **O. atlantica**
	Spitze des Rostrum ventral gerichtet	3. **O. tenuis**
6	$Exp._2$ mit 1, 0, 2 Lateralranddornen	6. **O. setigera**
	$Exp._2$ mit 1, 1, 2 Lateralranddornen — 7	
	$Exp._2$ mit 1, 1, 3 Lateralranddornen — 8	
7	Distaler Lateralranddorn am Endgl. des $Exp._4$ lang	5. **O. frigida**
	Distaler Lateralranddorn am Endgl. des $Exp._4$ kurz	5a. **O. frigida pseudofrigida**
8	Spitze des Rostrum mehr nach vorn gerichtet .	11. **O. vivida**
	Spitze des Rostrum mehr ventral gerichtet . . .	10. **O. robusta**
9	$Exp._1$ mit 1, 0, 2 Lateralranddornen	8. **O. decipiens**
	$Exp._1$ mit 1, 1, 2 Lateralranddornen — 10	
	$Exp._1$ mit 1, 1, 3 Lateralranddornen	12. **O. brevicornis**
10	$Exp._2$ mit 1, 0, 2 Lateralranddornen — 11	
	$Exp._2$ mit 1, 0, 1 Lateralranddornen	7. **O. similis**
11	2. Gl. des $Exp._2$ mit Lateralranddorn	9. **O. fallax**
	2. Gl. des $Exp._2$ ohne Lateralranddorn	4. **O. hamata**

12 P_5 mit 2 Endborsten — **15**
P_5 mit 1 Endborste — **13**

13 Exp.$_4$ mit 0, 0, 1 Lateralranddornen . . . . . . 15. **O. amazonica**
Exp.$_4$ mit 1, 1, 2 Lateralranddornen — **14**
Exp.$_4$ mit 1, 1, 3 Lateralranddornen . . . . . . 14. **O. simplex**

14 Thorax kürzer als das Abdomen . . . . 13. **O. attenuata**
Thorax etwas länger als das Abdomen . . . . . 16. **O. nana**
Thorax viel länger als das Abdomen . . . . . . 17. **O. hebes**

15 2. Gl. des Basp. der Mandibel mit 2 dicken stumpfen Dornen . . . . 18. **O. minuta**
2. Gl. des Basp. der Mandibel mit 2 kleinen Hakenborsten — **16**

16 Enddornen der Füße länger als das 3. Gl. des Exp. 20. **O. oculata**
Enddornen der Füße kürzer als das 3. Gl. des Exp. 19. **O. rigida**

b) Männchen:[1])

1 Exp.$_1$ mit 1, 1, 3 Lateralranddornen — **2**
Exp.$_1$ mit 1, 1, 2 Lateralranddornen — **9**

2 Exp.$_4$ mit 1, 1, 3 Lateralranddornen . . . . . . 14. **O. simplex**
Exp.$_4$ mit 1, 1, 2 Lateralranddornen — **3**
Exp.$_4$ mit 0, 0, 1 Lateralranddornen . . . . . . 15. **O. amazonica**

3 2. Gl. des Basp. der Mandibel mit 2 starken, spitzen Enddornen — **4**
2. Gl. des Basp. der Mandibel mit 2 stumpfen Enddornen — **7**
2. Gl. des Basp. der Mandibel mit 1 starken und 1 feinen Dorn — **8**

4 Enp. der Mandibel mit 4 Borsten — **5**
Enp. der Mandibel mit 5 Borsten — **6**

5 Analsegm. kürzer als die Furca . . . . 5. **O. frigida**
Analsegm. so lang wie die Furca . . . . 6. **O. setigera**

6 P_5 mit 1 Endborste . . . . 10. **O. robusta**
P_5 mit 2 Endborsten . . . . 20. **O. oculata**

7 Enp. der Mandibel mit 4 Borsten . . . . 12. **O. brevicornis**
Enp. der Mandibel mit 5 Borsten . . . . 18. **O. minuta**

8 Abdomen fast so lang wie der Thorax . . . . . 13. **O. attenuata**
Abdomen bedeutend kürzer als der Thorax . . . 16. **O. nana**

9 Exp.$_3$ mit 1, 1, 3 Lateralranddornen . . . . . . 1. **O. plumifera**
Exp.$_3$ mit 1, 1, 2 Lateralranddornen — **10**

10 Exp.$_2$ mit 1, 1, 3 Lateralranddornen . . . . . . 9. **O. fallax**
Exp.$_2$ mit 1, 1, 2 Lateralranddornen . . . . . . 7. **O. similis**

1. **O. plumifera** W. Baird 1843 *O. p.*, W. Baird in: Zoologist, *v.* 1 p. 59 f. b | 1852 *Scribella scriba*, J. D. Dana in: P. Amer. Ac., *v.* 2 p. 20 | 1852 & 55 *Oithona plumifera*, J. D. Dana in: U. S. expl. Exp., *v.* 13II p. 1099; t. 76 f. 4a—e | 1863 *O. spinirostris*, C. Claus, Freileb. Cop., p. 105 t. 11 f. 4—9 | ?1883 *O. challengeri*, G. S. Brady in: Rep. Voy. Challenger, Zool. *v.* 8 pars 23 p. 97 t. 40 f. 1—10 | 1892 *O. plumifera*, Giesbrecht in: F. Fl. Neapel, *v.* 19 p. 541 t. 10 f. 4; t. 34 f. 12, 13, 22, 25, 27, 28, 32, 44—47; t. 44 f. 1, 7, 12—15 | 1913 *O. spinirostris*, G. O. Sars, Crust. Norway, *v.* 6 p. 6 t. 1, 2 | 1917 *O. plumifera*, Rosendorn in: Ergeb. Tiefsee-Exp., *v.* 23 p. 10 f. 1a—d | 1920 *O. p.*, Pesta in: Zool. Jahrb., Syst. *v.* 43 p. 553 f. G2.

Die Stirn endigt in einem spitzen, etwas ventralwärts gebogenen, dorsal sichtbaren Schnabel. Am Genitalsegm. ventral ein Büschel Haare. Furcaläste kürzer als das Analsegm., fast 3mal so lang wie breit, ihre Lateralrandborste

[1]) Von 7 Arten ist das ♂ noch nicht beschrieben, nämlich von *O. atlantica, tenuis, vivida, hamata, decipiens, hebes* und *rigida*.

2—3mal so lang wie ein Ast. Die 1. Antennen reichen bis zum Hinterrand des 4. Abdsegm. Enp. der Mandibel mit 3 Borsten, 2. Gl. des Basp. mit 2 Hakenborsten. Enp. der Maxille mit 1 kleinen Borste. $Exp._1$: 1. Gl. mit 1, 2. Gl. mit 1, 3. Gl. mit 2 Lateralranddornen, $Exp._2$ und $Exp._3$: 1. Gl. mit 1, 3. Gl. mit 2 Lateralranddornen, 2. Gl. ohne solche; $Exp._4$: Endgl. mit 2 Lateralranddornen, 1. und 2. Gl. ohne solche. Die Borsten des P_5 erreichen die Länge des Abd. (Fig. 1). ♂ Genitalsegm. breit. Endgl. des $Exp._1$ und $Exp._4$ mit 2, des $Exp._2$ und $Exp._3$ mit 3 Lateralranddornen. — L. ♀ 1—1,5 mm, ♂ 0,75—1 mm.

Nördliches Eismeer, Atlantischer Ozean, Mittelmeer, Rotes Meer, Indischer und Pazifischer Ozean.

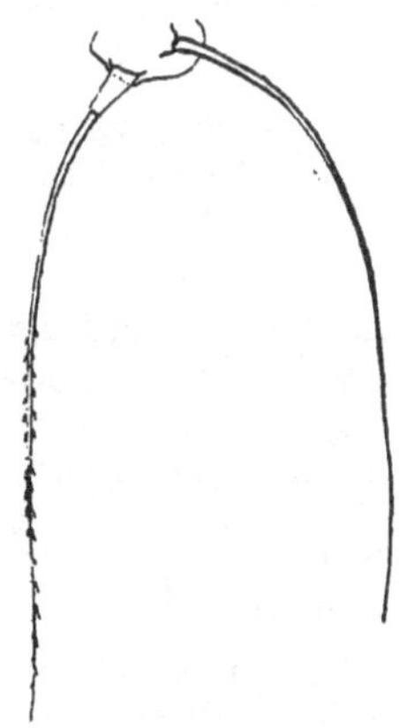

Fig. 1. O. plumifera. P_5 ♀ (nach G. O. Sars).

2. **O. atlantica** Farran ?1863 *O. spinirostris*, C. Claus, Freileb. Cop., p. 105 t. 11 f. 4—9 | 1908 *O. atlantica*, Farran in: Ann. nat. Hist., ser. 8 *v.* 2 p. 500 | 1917 *O. a*, Rosendorn in: Ergeb. Tiefsee-Exp., *v.* 23 p. 12 f. 2a—f.

Rostrum dorsal und lateral scharf vorspringend. Genitalsegm. ohne Haarbüschel; Geschlechtsöffnungen weit vorn gelegen. Analsegm. länger als die Furcaläste. Die 1. Antennen bis fast zum Ende des Körpers reichend. Enp. der Mandibel mit 4 Borsten, 2. Gl. des Basp. mit 2 Hakenborsten. $Exp._1$—$Exp._4$ außen wie bei *O. plumifera* (nr. 1) bewehrt, aber die distale Lateralrandborste am $Exp._4$ ist länger als bei *O. plumifera*. Die Borsten am Lateralrande des 2. Basp. aller Paare ohne Fiedern, glatt, dünn. ♂ unbekannt. — L. ♀ 1,06 mm.

Nördlicher und südlicher Atlantischer Ozean, Indischer Ozean, [nördliches Eismeer?].

3. **O. tenuis** Rosendorn 1917 *O. t.*, Rosendorn in: Ergeb. Tiefsee-Exp., *v.* 23 p. 14 f. 3a—d, f. 4a—d.

Vorderkörper auffallend schmal. Die äußerste Spitze des Rostrum ventral gekrümmt. Abd. sehr schlank. Analsegm. kürzer als das vorhergehende Segm. Furcaläste etwa 4mal so lang wie breit, Seitenrandborste oberhalb der Mitte, lang. Die 1. Antennen bis zur Mitte des Analsegm. reichend. Mandibel schwach, am Enp. 2 Borsten; die beiden terminalen Hakenborsten am 2. Basp. kräftig (Fig. 2). 2. Maxille und Maxilliped sehr schlank. $Exp._1$: 1. Gl. mit 1, 2. Gl. mit 1, 3. Gl. mit 2 Lateralranddornen; $Exp._2$: 1. Gl. mit 1, 3. Gl. mit 2 Lateralranddornen, 2. Gl. ohne solche; Exp_3: 1. und 3. Gl. mit 1 Lateralranddorn, 2. Gl. ohne solchen; $Exp._4$: Lateralrand des 1. und 2. Gl. unbewehrt, der des 3. Gl. mit 1 Dorn. Die langen Borsten am Lateralrand des 2. Basp. ungefiedert, dünn. ♂ unbekannt. — L. ♀ 1,07 mm.

Fig. 2. O. tenuis ♀. Ende der Mandibel (nach Rosendorn).

Atlantischer und Indischer Ozean.

4. **O. hamata** Rosendorn 1917 *O. h.*, Rosendorn in: Ergeb. Tiefsee-Exp., *v.* 23 p. 15 f. 5a—f, f. 6a—d.

Der Hinterleib erreicht fast die Länge des Vorderkörpers. Das Rostrum springt ventralwärts hakenartig vor; die Stirn ist dorsal scharf und gerade abgeschnitten. Oberer Teil des Genitalsegm. scharf gegen den unteren abgesetzt. Analsegm. kürzer als das vorhergehende, etwa so lang wie die Furca; deren Seitenborste sitzt oberhalb der Randmitte. Die 1. Antennen reichen nicht über das Genitalsegm. hinaus. Enp. der 1. Maxille mit 4 Borsten. Exp.-Gl. der Schwimmbeine wie bei *O. plumifera* (nr. 1) bewehrt, P_5 ebenso. ♂ unbekannt. — L. 1,06 mm.

Atlantischer und Indischer Ozean.

5. **O. frigida** Giesbr. 1902 *O. f.*, Giesbrecht in: Résult. Voy. Belgica, Zool. Cop. p. 29 t. 6 f. 10—16 | 1917 *O. f.*, Rosendorn in: Ergeb. Tiefsee-Exp., *v.* 23 p. 16 f. 7a—e, 8a—d.

Rostrum dorsal sichtbar, seine Spitze ventral gerichtet. Analsegm. merklich länger als das vorhergehende, aber nur unbedeutend länger als die Furca. Die 1. Antennen reichen nicht bis zum Hinterrand des Genitalsegm. Enp. der Mandibel mit 4 Borsten; die beiden Hakenborsten am Ende des 2. Basp. der Mandibel ziemlich schwach. 2. Maxille und Maxilliped kräftig. $Exp._1$: 1. und 2. Gl. je 1 Lateralranddorn, 3. Gl. deren 3; $Exp._2$: 1. und 2. Gl. je 1, 3. Gl. 2 Lateralranddornen; $Exp._3$: 1. und 3. Gl. je 1 Dorn, Mittelgl. ohne solchen; $Exp._4$: Nur das Endgl. besitzt einen Lateralranddorn; er ist auffallend lang und nach einer scharfen Knickung nahe der Basis dem Enddorn parallel gerichtet. Vorderkörper des ♂ fast doppelt so lang wie der Hinterkörper. Genitalsegm. nach unten erweitert; 4. und 5. Abdsegm. kürzer als die Furca. $Exp._1$—$Exp._3$ mit 1, 1, 3, $Exp._4$ mit 1, 1, 2 Außenranddornen. — L. ♀ 1,2—1,35 mm, ♂ 0,84 mm.

Südliches Eismeer.

1 Unterart:

5a. **O. f. pseudofrigida** Rosendorn 1917 *O. f.* var. *p.*, Rosendorn in: Ergeb. Tiefsee-Exp., *v.* 23 p. 19 f. 9a—h.

Stimmt mit *O. frigida* bis auf die Bewehrung des $Exp._3$ und $Exp._4$ überein. Am Endgl. des $Exp._4$ ist der Lateralranddorn sehr zart, leicht gekrümmt, kürzer als der Exp. Auch der obere Lateralranddorn am Endgl. des $Exp._3$ ist verkürzt und nicht länger als der proximale Lateralranddorn.

Atlantischer und Indischer Ozean.

6. **O. setigera** (Dana) 1852 *Scribella setiger*, J. D. Dana in: P. Amer. Ac., *v.* 2 p. 20 | 1852 & 55 *Oithona s.*, J. D. Dana in: U. S. expl. Exp., *v.* 13 II p. 1101; t. 76 f. 6a—f | ? 1883 *O. challengeri*, G. S. Brady in: Rep. Voy. Challenger, Zool. *v.* 8 pars 23 p. 97 t. 40 f. 1—10 | 1892 *O. setigera* + ? *O. linearis*, Giesbrecht in: F. Fl. Neapel, *v.* 19 p. 546 t. 34 f. 3, 14, 15, 41; f. 1, 2, 40 | ? 1905 *O. tropica* + ? *O. linearis*, Wolfenden in: Fauna Geogr. Maldiv., *v.* 2 suppl. 1 p. 1023 t. 99 f. 44—48; p. 1025 t. 99 f. 49 | ? 1908 *O. pelagica*, Farran in: Ann. nat. Hist., ser. 8 *v.* 2 p. 501 | 1917 *O. setigera* + *O. s.* forma *linearis*, Rosendorn in: Ergeb. Tiefsee-Exp., *v.* 23 p. 20 f. 10a—c, 11a—h, 12a—n; p. 23 f. 12a—n.

Rostrum etwas stärker nach vorn gerichtet als bei *O. plumifera* (nr. 1), in seiner Form ziemlich stark veränderlich. Genitalöffnung weit vorn gelegen. Analsegm. länger als das vorhergehende und als die Furca. Lateralrandborste oberhalb der Mitte der Furca. Die 1. Antennen sind lang und reichen bis zum Analsegm. Enp. der Mandibel mit 4 Borsten. 2. Maxille und Maxilliped kräftig. $Exp._1$: 1. und 2. Gl. je 1, 3. Gl. 3 Lateralranddornen; $Exp._2$: 1. Gl. 1, Mittelglied 0, 3. Gl. 2 Lateralranddornen; Exp_3: 1, 0, 1 Lateralranddornen; $Exp._4$: 0, 0, 1 Lateralranddornen. Borsten des P_5 lang. Furca des ♂ etwa doppelt so lang wie breit, so lang wie das Analsegm., Seitenrandborste kurz, in der Mitte sitzend. — L. ♀ stark veränderlich, 1,2—1,9 mm, ♂ 0,9—1 mm.

Atlantischer Ozean, Mittelmeer, Rotes Meer, Indischer und Pazifischer Ozean.

7. **O. similis** Cls. ? 1863 *O. helgolandica*, C. Claus, Freileb. Cop., p. 105 t. 11 f. 10—12 | ? 1864 *O. spinifrons* + *O. pygmea*, A. Boeck in: Forh. Selsk. Christian., p. 249 | 1866 *O. similis*, C. Claus, Cop. Nizza, p. 14 | 1882 *O. spinirostris* (non Claus 1863), Giesbrecht in: Ber. Komm. D. Meere, *v.* 4 p. 139 t. 2 f. 8, 10 t. 3 f. 9 t. 4 f. 15, 22 t. 5 f. 13 t. 6 f. 10 t. 7 f. 21 t. 8 f. 22, 23 t. 9 f. 4, 33 t. 10 f. 8, 35, 46, 50 t. 11 f. 7 t. 12 f. 28, 29 | 1892 *O. similis*, Giesbrecht in: F. Fl. Neapel, *v.* 19 p. 541 t. 34 f. 18, 19, 21, 36—39 t. 44 f. 3, 5, 8—11 | 1913 *O. helgolandica*, G. O. Sars, Crust. Norway, *v.* 6 p. 8 t. 3 | 1917 *O. similis*, Rosendorn in: Ergeb. Tiefsee-Exp., *v.* 23 p. 24 f. 13a—e | 1928 *O. s.*, Pesta in: F. Dahl, Tierw. Deutschl., part 9 p. 75 f. 57a—c.

Rostrum ventral gerichtet, spitz, vom Rücken aus nicht sichtbar. Analsegm. länger als das vorhergehende. Furca kurz, kaum doppelt so lang wie breit. Die 1. ♀ Antennen reichen bis zu den (wenig vor der Mitte des Genitalsegm. gelegenen) Geschlechtsöffnungen. Enp. der Mandibel mit 3 Borsten. $Exp._1$: 1. und 2. Gl. je 1, Endgl. 2 Lateralranddornen; $Exp._2$ und $Exp._3$: 1, 0, 1 Lateralranddornen; $Exp._4$: 0, 0, 1 Lateralranddornen. Beim ♂ sind die Lateralränder von $Exp._1$—$Exp._4$ mit der gleichen Anzahl von Dornen bewehrt, und zwar 1. und 2. Gl. mit je 1, 3. Gl. mit je 2 Dornen. — L. ♀ 0,74—0,95 mm, ♂ 0,6 bis 0,7 mm.

Nördliches Eismeer, Atlantischer Ozean (mit Nord- und Ostsee), Mittelmeer, Rotes Meer, Indischer und Pazifischer Ozean, Südl. Eismeer.

8. **O. decipiens** Farran 1913 *O. d.*, Farran in: P. zool. Soc. London, pars 1 p. 184 t. 28 f. 4—11 | 1917 *O. d.*, Rosendorn in: Ergeb. Tiefsee-Exp., *v.* 23 p. 26.

Rostrum ähnlich dem von *O. similis* (nr. 7). Genitalsegm. größer als die beiden folgenden Segm. Furca kürzer als das Analsegm., die Seitenborste sitzt oberhalb der Mitte des Randes. Die 1. Antennen reichen bis zu den Genitalöffnungen. Die Mandibel trägt am Enp. nur 2 Borsten. $Exp._1$: 1. Gl. 1, 2. Gl. 0, 3. Gl. 2 Lateralranddornen; $Exp._2$: 1. und 2. Gl. je 1, 3. Gl. 2 Lateralranddornen; $Exp._3$: 1. und 3. Gl. je 1, Mittelgl. ohne Lateralranddornen; $Exp._4$: 0, 0, 1 Lateralranddornen. ♂ noch unbekannt. — L. ♀ 0,56 bis 0,62 mm.

Indischer Ozean.

9. **O. fallax** Farran 1913 *O. f.*, Farran in: P. zool. Soc. London, pars 1 p. 185 t. 27 f. 9—12 t. 28 f. 1—3 | 1917 *O. f.*, Rosendorn in: Ergeb. Tiefsee-Exp., *v.* 23 p. 27 f. 14a, b, 15a—h.

Vorderkörper nicht viel länger als der Hinterkörper. Rostrum ventral zugespitzt, dorsal nicht sichtbar. Analsegm. nur wenig kürzer als das vorhergehende, aber länger als die Furca. Die 1. Antennen etwas kürzer als bei *O. similis* (nr. 7), nur bis zum Vorderrand des Genitalsegm. reichend. Enp. der Mandibel mit 4 Borsten. $Exp._1$: 1. und 2. Gl. mit je 1, Endgl. mit 2 Lateralranddornen; $Exp._2$: 1. Gl. mit 1, 3. Gl. mit 2 Lateralranddornen, Mittelgl. ohne solche; $Exp._3$: 1. und 3. Gl. mit je 1, Mittelgl. ohne Lateralranddorn; $Exp._4$: 0, 0, 1 Lateralranddornen. $Exp._1$ — $Exp._4$ des ♂ wie beim ♂ von *O. similis* (nr. 7) bewehrt, jedoch am Endgl. des $Exp._2$ 3 Lateralranddornen statt nur 2. — L. ♀ 0,88—0,94 mm, ♂ 0,67 mm.

Indischer Ozean, Rotes Meer, Atlantischer Ozean.

10. **O. robusta** Giesbr. 1892 *O. r.*, Giesbrecht in: F. Fl. Neapel, *v.* 19 p. 546 t. 34 f. 4, 5, 16, 17, 23, 30, 31, 43 | 1905 *O. r.*, Wolfenden in: Fauna Geogr. Maldiv., *v.* 2 suppl. 1 p. 1024 t. 99 f. 43 | 1917 *O. r.*, Rosendorn in: Ergeb. Tiefsee-Exp., *v.* 23 p. 29 f. 16a—c, 17a—e.

Stärkste und kräftigste Art der Gattung. Vorderkörper bis 6 mal so breit wie das Abd. Rostrum scharf, lang, vom Rücken aus nicht sichtbar.

Analsegm. länger als das vorhergehende und länger als die Furca. Die 1. Antennen reichen bis zum Ende des Thorax. Enp. der Mandibel breit, mit 5 Borsten, davon sind 2 stark verlängert und eine davon dicht befiedert; die 2 Hakenborsten am Ende des 2. Basp. lang, schlank. $Exp._1 - Exp._3$: 1. und 2. Gl. je mit 1, 3. Gl. mit 3 Lateralranddornen, die des $Exp._3$ länger als die des $Exp._1$ und $Exp._2$; $Exp._4$: 1. und 2. Gl. je 1, 3. Gl. 2 Lateralranddornen. ♂ Thorax fast 7mal so breit wie das Abd. Genitalsegm. auffallend kurz, mit langen Borsten an den Genitaldeckeln. Furca breit, gespreizt. Bewehrung der Lateralränder von $Exp._1 - Exp._4$ wie beim ♀. — L. ♀ 1,55—1,65 mm, ♂ 1,2—1,24 mm.

Atlantischer Ozean, Mittelmeer, Indischer und Pazifischer Ozean.

11. **O. vivida** Farran 1913 *O. v.*, Farran in: P. zool. Soc. London, pars 1 p. 183 t. 27 f. 1—8 | 1917 *O. v.*, Rosendorn in: Ergeb. Tiefsee-Exp., *v.* 23 p. 32 f. 18a—e.

Segm. des Thorax durch tiefe Einschnitte voneinander getrennt. Rostrum an der Basis breit, am Ende in eine lange und scharfe Spitze ausgezogen, vom Rücken aus sichtbar. Analsegm. ein wenig kürzer als das vorhergehende, aber etwas länger als die Furca; deren Lateralborste sitzt oberhalb der Randmitte. Die 1. Antennen dünn, bis zu den Geschlechtsöffnungen reichend. Enp. der Mandibel mit 5 fast gleich langen Borsten; Basale zart, mit 2 Hakenborsten. $Exp._1$ und $Exp._2$ wie bei *O. robusta* (nr. 10) bewehrt; $Exp._3$: 1. und 2. Gl. je 1, Endgl. 2 Lateralranddornen; $Exp._4$: 1. und 2. Gl. je 1, Endgl. 3 Lateralranddornen; Enddorn am Endgl. des $Exp._3$ besonders lang. ♂ nicht bekannt. — L. ♀ 0,68—0,74 mm.

Indischer Ozean.

12. **O. brevicornis** Giesbr. 1892 *O. b.*, Giesbrecht in: F. Fl. Neapel, *v.* 19 p. 546 t. 34 f. 6, 7.

Vorderkörper etwa 6mal so breit wie das Abd. Stirn dorsal geradlinig abgeschnitten, Rostrum scharf gekrümmt, spitz. Furca länger als das Analsegm., 3mal so lang wie breit. Die 1. Antennen reichen bis zum Vorderrand des 3. Thoraxsegm. Enp. der Mandibel mit 4 Borsten, 2. Basp. mit 2 kurzen, stumpfen Enddornen. $Exp._1$—$Exp._4$ wie bei *O. robusta* (nr. 10) bewehrt. ♂ $Exp._1$ bis $Exp._4$ wie beim ♀. P_5 mit einer etwas kürzeren Borste. — L. ♀ 0,52 bis 0,7 mm, ♂ 0,47 mm.

Mittelmeer, Pazifischer Ozean (Hongkong), Kongomündung.

13. **O. attenuata** Farran 1913 *O. a.*, Farran in: P. zool. Soc. London, pars 1 p. 187 t. 30 f. 3—7 | 1917 *O. a.*, Rosendorn in: Ergeb. Tiefsee-Exp., *v.* 23 p. 42 f. 25a—h.

Thorax kürzer als das Abd. Stirn in Rückenansicht gerundet, Rostrum fehlt. Genitalsegm. sehr groß, Geschlechtsöffnungen weit vorn gelegen. Äste der Furca lang und schmal, länger als das Analsegm.; Lateralrandborste oberhalb der Mitte. Die 1. Antennen reichen bis zum Ende des Thorax. Mandibel: am Ende des kurzen 2. Basp. 1 kräftige Fiederborste und eine kurze, glatte Borste; Enp. mit 4 Borsten. $Exp._1$—$Exp._4$ wie bei *O. robusta* (nr. 10) bewehrt. P_5 wie bei *O. nana* (nr. 16). ♂: Vorderkörper etwas gedrungener als beim ♀, zum Unterschied von allen andern bekannten *Oithona* ♂ fast so lang wie das Abd. $Exp._1$—$Exp._4$ wie beim ♀ bewehrt. — L. ♀ 0,72—0,82 mm, ♂ 0,53 mm.

Atlantischer, Indischer, Pazifischer Ozean.

14. **O. simplex** Farran 1913 *O. s.*, Farran in: P. zool. Soc. London, pars 1 p. 187 t. 29 f. 10—14 t. 30 f. 1, 2 | 1917 *O. s.*, Rosendorn in: Ergeb. Tiefsee-Exp., *v.* 23 p. 44 f. 26a—f.

Vorderkörper bedeutend stärker als das Abd. Stirn dorsal ziemlich breit, Rostrum fehlt. Analsegm. doppelt so breit wie lang und nur halb so lang wie ein Furcalast. 1. Antennen kurz, nur etwa bis zum Vorderrand des 2. Thoraxsegm. reichend. Enp. der Mandibel mit 4 schwachen Borsten, 2. Basp. am Ende mit 2 kleineren Hakenborsten. $Exp._1$—$Exp._4$ beim ♀ und beim ♂ mit derselben Anzahl von Lateralranddornen, nämlich am 1. und 2. Gl. je 1, am 3. Gl. je 3 Dornen. P_5 sehr klein, am Ende mit 1 Borste. Kleinste *Oithona*-Art: L. ♀ 0,41 mm, ♂ 0,37 mm.

Indischer und Atlantischer Ozean.

15. **O. amazonica** Burckhardt 1913 *O. a.*, Burckhardt in: Zool. Jahrb., Syst. *v.* 34 p. 422 t. 15 O f. 6—22 t. 15 P f. 2—6 t. 16 Qu f. 2, 3, 7—9, 11, 12 t. 16 S f. 1, 3—8, 17 | 1917 *O. a.*, Rosendorn in: Ergeb. Tiefsee-Exp., *v.* 23 p. 46.

Stirn gerundet, Rostrum fehlt. Furcaläste schwach, doppelt so lang wie breit, kürzer als das Analsegm., Seitenrandborste oberhalb der Mitte sitzend. 1. Antennen zum Hinterrand des 3. Thoraxsegm. reichend. Enp. der Mandibel mit 5 Borsten, die beiden äußersten sind stärker als die übrigen. $Exp._1$ und $Exp._2$: 1. und 2. Gl. mit je 1, 3. Gl. mit je 3 Lateralranddornen; $Exp._3$: 1., 2. und 3. Gl. je 1 Lateralranddorn; $Exp._4$: 0, 0, 1 Lateralranddorn. P_5 mit kurzem Gl. und kurzen Borsten. Furca des ♂ etwas kürzer als beim ♀. $Exp._1$—$Exp._4$ wie beim ♀ bewehrt; Borsten an P_5 etwas kürzer. — L. ♀ 0,6 mm, ♂ ungefähr dem ♀ gleich.

Süßes Wasser im Mündungsgebiet des Amazonenstromes.

16. **O. nana** Giesbr. ? 1863 *O. helgolandica*, C. Claus, Freileb. Cop., p. 105 t. 11 f. 10—12 | 1892 *O. nana*, Giesbrecht in: F. Fl. Neapel, *v.* 19 p. 541 t. 4 f. 8 t. 34 f. 10, 11, 20, 24, 26, 34, 35, 42 t. 44 f. 2, 4, 6 | 1917 *O. n.*, Rosendorn in: Ergeb. Tiefsee-Exp., *v.* 23 p. 40 f. 24a—d | 1928 *O. n.*, Pesta in: F. Dahl, Tierw. Deutschl., part 9 p. 76 f. 58a—c.

Stirn vom Rücken gesehen abgestutzt, ohne Rostrum. Genitalsegm. etwa doppelt so lang wie das folgende. Analsegm. kürzer als das vorhergehende, aber so lang wie die Furcaläste; Lateralrandborste in der Mitte entspringend. Die 1. Antennen bis zum Hinterrand des 3. Thoraxsegm. reichend. Mandibel kräftig, 2. Basp. am Ende mit nur 1 Hakenborste, daneben eine sehr dünne, glatte Borste; Enp. mit 4 Fiederborsten. $Exp._1$—$Exp._4$ wie bei *O. robusta* (nr. 10) bewehrt. P_5 mit 1 Endborste. Genitalsegm. des ♂ schmal; Analsegm. kürzer als das vorhergehende, aber länger als die Furca; diese ist doppelt so lang wie breit. $Exp._1$—$Exp._4$ wie beim ♀ bewehrt. — L. ♀ 0,5—0,7 mm; ♂ 0,44—0,6 mm.

Atlantischer Ozean, Mittelmeer, Rotes Meer, Schwarzes Meer, Indischer und Pazifischer Ozean.

17. **O. hebes** Giesbr. 1892 *O. h.*, Giesbrecht in: F. Fl. Neapel, *v.* 19 p. 546 t. 34 f. 8, 9.

O. minuta (nr. 18) und *O. nana* (nr. 16) nahestehend. Stirnschnabel abgerundet, ein wenig dorsalwärts zurückgebogen, so daß die Stirn, vom Rücken aus gesehen, in einen ziemlich langen, abgerundeten Fortsatz ausläuft. Furcaläste fast so lang wie das Analsegm., kaum doppelt so lang wie breit. Die 1. Antennen nicht ganz bis zum Hinterrand des 3. Thoraxsegm. reichend.

Endgl. von $Exp._1$—$Exp._4$ wie bei *O. nana* (nr. 16) bewehrt. ♂ noch unbekannt. — L. ♀ 0,55 mm.

Stiller Ozean (Guayaquil), Mittelmeer.

18. **O. minuta** T. Scott 1894 *O. m.*, T. Scott in: Tr. Linn. Soc. London, ser. 2 *v.* 6 p. 90 t. 9 f. 14—25 | 1917 *O. m.*, Rosendorn in: Ergeb. Tiefsee-Exp., *v.* 23 p. 36 f. 21a—h, 22a—e.

Vorderkörper eiförmig, zur Stirn spitz zulaufend; Rostrum fehlt. Geschlechtsöffnungen weit vorn gelegen, Genitalsegm. kurz. Analsegm. so lang wie die Furca. Die 1. Antennen kurz, kräftig, noch nicht bis zum 2. Thoraxsegm. reichend. 2. Basp. der Mandibel wie bei *O. brevicornis* (nr. 12) mit 2 stumpfen Enddornen bewehrt; Enp. klein, mit 5 Borsten. $Exp._1$—$Exp._4$ wie bei *O. robusta* (nr. 10) bewehrt; alle Dornen sind klein, die Enddornen erreichen nicht die Länge des Lateralastes. P_5 mit 2 feinen Borsten. Vorderkörper des ♂ nicht zugespitzt. $Exp._1$—$Exp._4$ wie beim ♀ bewehrt. — L. ♀ 0,48 mm, ♂ 0,42 mm.

Mündungsgebiet des Amazonenstroms, Golf von Guinea; Rotes Meer, Indischer Ozean.

19. **O. rigida** Giesbr. 1896 *O. r.*, Giesbrecht in: Zool. Jahrb., Syst. *v.* 9 p. 324 t. 5 f. 10—15 | 1901 *O. r.*, Cleve in: Svenska Ak. Handl., *v.* 35 nr. 5 p. 45 t. 5 f. 7—20 | 1905 *O. r.*, Wolfenden in: Fauna Geogr. Maldiv., *v.* 2 suppl. 1 p. 1023 t. 99 f. 42 | 1917 *O. r.*, Rosendorn in: Ergeb. Tiefsee-Exp., *v.* 23 p. 39.

O. nana (nr. 16) sehr nahe stehend. Aber: Stirn breiter, 1. Antennen kürzer, nur bis zum Hinterrand des 2. Thoraxsegm. reichend, Endgl. vom $Exp._1$—$Exp._4$ gestreckter, Genitalsegm. von geringerer Größe; P_5 am Ende mit 2 Borsten. ♂ unbekannt. — L. ♀ 0,75—0,8 mm.

Rotes Meer, Südspitze von Afrika, Indischer Ozean.

20. **O. oculata** Farran 1913 *O. o.*, Farran in: P. zool. Soc. London, pars 1 p. 188 t. 30 f. 8, 9, t. 31 f. 2—9 | 1917 *O. o.*, Rosendorn in: Ergeb. Tiefsee-Exp., *v.* 23 p. 37 f. 23a—g.

Stirn vom Rücken gesehen sanft gerundet. Rostrum fehlt. Die letzten Abdsegm. unter sich etwa gleich lang; Furca etwa $2^1/_2$ mal so lang wie breit; Lateralrandborste in der Mitte sitzend. Die 1. Antennen kurz, nur bis zum 2. Thoraxsegm. reichend. Enp. der Mandibel etwas vorgezogen, mit 5, in 2 Gruppen (3 und 2) stehenden kurzen Borsten, die 2 Endanhänge des 2. Basp. schwach. $Exp._1$ bis $Exp._4$ wie bei *O. robusta* (nr. 10) bewehrt. P_5 klein, mit 2 Endborsten. In der Mitte der Stirn ist dorsal eine zweilappige Ganglienmasse sichtbar, sie erscheint auch beim ♂. $Exp._1$—$Exp._4$ ♂ wie beim ♀ bewehrt. P_5 ♂ mit 2 Borsten. — L. ♀ 0,8—0,9 mm, ♂ 0,65 mm.

Indischer und Pazifischer Ozean.

2. Gen. **Paroithona** Farran

1909 *P.*, Farran in: Sci. Invest. Fish. Ireland (1906), app. 2 p. 89 | 1913 *P.*, Farran in: P. zool. Soc. London, pars 1 p. 189 | 1917 *P.* (Subgen. von *Oithona*), Rosendorn in: Ergeb. Tiefsee-Exp., *v.* 23 p. 6 | 1918 *P.*, G. O. Sars, Crust. Norway, *v.* 6 p. 207.

Oithona sehr ähnlich. 2. Basp. der Mandibel am Ende nur mit 1 kräftigen, klauenartigen „Hakenborste" (Fig. 3). $Enp._1$—$Enp._4$ nur zweigldr.

Marin.

Typus: *P. parvula* Farran

2 Arten:

{ $Exp._4$ mit 1, 1, 1 Lateralranddornen . . . . 1. **P. parvula**
{ $Exp._4$ mit 0, 0, 1 Lateralranddornen . . . . 2. **P. pulla**

1. **P. parvula** Farran 1909 *P. p.*, Farran in: Sci. Invest. Fish. Ireland (1906), app. 2 p. 89 t. 10 f. 1—13 | 1917 *P. p*, Rosendorn in: Ergeb. Tiefsee-Exp., *v.* 23 p. 47 f. 27a—c | 1918 *P. p.*, G. O. Sars, Crust. Norway, *v.* 6 p. 208 t. 114.

Vorderkörper bedeutend länger als der Hinterkörper. Stirn in Rückenansicht stumpf, Rostrum fehlt. Furca etwas kürzer als das Analsegm., Lateralrandborste oberhalb der Mitte; mittlere Endborsten stark gespreizt, die kürzere über der längeren entspringend. Die 1. Antennen reichen bis zum Vorderrand des 4. Thoraxsegm. 2. Basp. der Mandibel am Ende mit einer kräftigen Hakenborste bewehrt, jederseits davon 1 zartes, glattes Börstchen (Fig. 3). $Exp._1 - Exp._3$: 1. und 2. Gl. je 1, 3. Gl. je 2 Lateralranddornen; $Exp._4$: 1, 1, 1 Lateralranddorn. P_5: das einzige Gl. trägt 1 Endborste; die Lateralborste eines früheren Grundgl. entspringt (wie bei *Oithona)* jederseits dem 5. Thoraxsegm. ♂ unbekannt — L. ♀ 0,45 mm.

Fig. 3. P. parvula ♀. Ende der Mandibel (nach Rosendorn).

Atlantischer Ozean (Küste von Irland und Norwegen), Indischer Ozean.

2. **P. pulla** Farran 1913 *P. p.*, Farran in: P. zool. Soc. London, pars 1 p. 190 t. 29 f. 1—9, t. 31 f. 1 | 1917 *P. p.*, Rosendorn in: Ergeb. Tiefsee-Exp., *v.* 23 p. 48.

Stirn ohne Rostrum, in Rückenansicht abgerundet. Abd. sehr schlank, besonders das Genitalsegm. Furcaläste etwa so lang wie das Analsegm., Seitenrandborste oberhalb der Mitte entspringend. Die 1. Antennen bis zum 3. Thoraxsegm. reichend. Mandibel wie bei *P. parvula.* $Exp._1$ und $Exp._2$: 1. und 2. Gl. je 1, 3. Gl. je 2 Lateralranddornen; $Exp._3$: 1. und 3. Gl. je 1 Lateralranddorn, Mittelgl. ohne solchen; $Exp._4$: nur das Endgl. mit 1 Lateralranddorn. P_5 wie bei *P. parvula.* ♂ unbekannt. — L. ♀ 0,41 mm.

Indischer Ozean.

B. Subfam. **Limnoithoninae**

1928 *L.*, F. Kiefer in: Zool. Anz., *v.* 75 p. 222.

P_5 weniger verkümmert als bei den *Oithoninae*, aus 2 Gl. bestehend; Grundgl. mit einer Borste, das schlanke Endgl. mit 2 Borsten und 1 Stachel bewehrt (Fig. 4). Lateralranddornen an allen Gl. des 4. Exp. vorhanden und gut entwickelt.

Süßwasser.

1 Gattung mit 1 Art.

3. Gen. **Limnoithona** Burckhardt

1913 *L.* (Subgen. von *Oithona)*, Burckhardt in: Zool. Jahrb., Syst. *v.* 34 p. 421 | 1917 *L.* (Subgen. von *Oithona)*, Rosendorn in: Ergeb. Tiefsee-Exp., *v.* 23 p. 7.

Stirn gerundet. Furcaläste langgestreckt. 1. Antennen kürzer als der Thorax. 2. Basp. der Mandibel am Ende mit 3 etwa gleich starken Anhängen. 2. Gl. des Maxillipeden ohne Stacheln, 3. Gl. kurz, mit 1 Borste. P_5 zweigldr., Endgl. mit 3 Anhängen.

Süßwasser.

1 Art.

1. **L. sinensis** Burckhardt 1913 *Oithona (L.) s.*, Burckhardt in: Zool. Jahrb., Syst. *v.* 34 p. 421 t. 15O f. 1—5 t. 15P f. 1, 7—9 t. 16Qu f. 1, 5, 6, 10, 13 t. 16R f. 2, 9—16 | 1917 *O. (L.) s.*, Rosendorn in: Ergeb. Tiefsee-Exp., *v.* 23 p. 48.

Körper schlank. Hinter- und Vorderleib fast gleich lang. Abd. nach hinten wenig verjüngt. Furcaläste etwa so lang wie die 2 letzten

Abdsegm. zusammen; Seitenrandborste viel kürzer als ein Ast, oberhalb der Mitte entspringend. Die 1. Antennen reichen bis zum Hinterrand des 3. Thoraxsegm. Enp. der Mandibel mit 5 Borsten; davon sind die 2 lateralsten stärker als die übrigen. Bewehrung der Lateralränder von $Exp._1$—$Exp._4$: 1. und 2. Gl. je 1 Dorn, 3. Gl. deren 3. P_5: deutlich 2gldr., Grundgl. mit einer Lateralborste, Endgl. schlank, mit 3 Anhängen, 1 stachelähnlichen Lateralrand-, 1 gefiederten End- und 1 zarten, glatten Medialrandborste (Fig. 4). ♂: Furca etwas kürzer als beim ♀, ihre Äste weniger gespreizt. — L. ♀ und ♂ etwa 0,45—0,53 mm.

China (Tahu-See, Jangtsekiang).

Fig. 4. L. sinensis ♀. P_5 (nach Burckhardt).

Oithonidarum species incertae sedis

Oithona splendens W. Baird 1843 *O. s.*, W. Baird in: Zoologist, *v.* 1 p. 61 f. a.

O. abbreviata (Dana) 1852 *Scribella a.*, J. D. Dana in: P. Amer. Ac., *v.* 2 p. 20 | 1852 & 55 *Oithona a.* (juv.), J. D. Dana in: U. S. expl. Exp., *v.* 13II p. 1100; t. 76 f. 5a, b.

Oithona erythrops G. Brady 1915 *O. e.*, G. S. Brady in: Ann. Durban Mus., *v.* 1 p. 140 t. 12 f. 1—5.

Oithonopsis Farrani G. Brady 1915 *O. f.*, G. S. Brady in: Ann. Durban Mus., *v.* 1 p. 140 t. 11 f. 1—8.

2. Fam. **Cyclopinidae**

1913 *C.*, G. O. Sars, Crust. Norway, *v.* 6 p. 9 | 1927 *Cyclopinidea*, V. Brehm in: Kükenthal & Krumbach, Handb. Zool., *v.* 3I p. 490 | 1928 *Cyclopinidae*, F. Kiefer in: Zool. Anz., *v.* 75 p. 222.

Körper nicht so schlank wie bei vielen *Oithona*-Arten. Kopf meist mit dem 1. Thoraxsegm. zu einem Cephalothorax verschmolzen. Vorderantennen kürzer als bei Oithoniden. Hinterantennen meist 4gldr. Mundgliedmaßen gut entwickelt. Mandibel mit mehrgldr., meist 2ästigem Palpus (Fig. 5). Schwimmbeine verhältnismäßig gedrungen gebaut, mit 3gldr. Exp. und Enp. P_5 meist 2- oder 3gldr., selten nur 1gldr., Endgld. mit 4, bei einigen Formen mit nur 3 Anhängen.

Marin; litoral.

2 Unterfamilien, 4 Gattungen, 21 sichere Arten, 2 unsichere.

Übersicht der Unterfamilien:

Hinterantennen 4gldr., $Enp._4$ ♀ normal bewehrt	A. Subfam. Cyclopininae
Hinterantennen 3gldr., 2 oder alle Anhänge von $Enp._4$ ♀ kurz, dornartig	B. Subfam. Pterinopsyllinae

A. Subfam. Cyclopininae

1927 *C.*, F. Kiefer in: Zool. Anz., *v.* 73 p. 308 | 1928 *C.*, F. Kiefer in: Zool. Anz., *v.* 75 p. 222.

Hinterantennen 4gldr. Vorderantennen des ♂ ohne besonders auffallend entwickelte Sinneszylinder. $Enp._1$ in beiden Geschlechtern gleich, ebenso $Enp._4$.

3 Gattungen mit 18 sicheren und 2 unsicheren Arten.

Übersicht der Gattungen:

1	Mandibularpalpus 2ästig — 2	
	Mandibularpalpus 1ästig	2. Gen. **Cyclopinella**
2	5. Füßchen 2—3gldr.	1. Gen. **Cyclopina**
	5. Füßchen 1gldr.	3. Gen. **Cyclopetta**

1. Gen. **Cyclopina** Cls.

1863 *C.*, C. Claus, Freileb. Cop., p. 103 | 1900 *C.*, Giesbrecht in: Mt. Stat. Neapel, *v.* 14 p. 40 | 1913 *C.*, G. O. Sars, Crust. Norway, *v.* 6 p. 10 | 1921 *C.*, G. O. Sars, ibid., *v.* 7 p. 102.

Kopf mit dem 1. Thoraxsegm. zu einem Cephalothorax verschmolzen. Vorderkörper deutlich vom Hinterkörper abgegrenzt. Furcaläste kurz bis ziemlich lang. Vorderantennen höchstens so lang wie der Cephalothorax, 10—26gldr. Hinterantennen 4gldr. Mandibel mit 2ästigem Palpus, Enp. 2gldr., Exp. mehr- (4)gldr. (Fig. 5). Schwimmfußäste 3gldr., mäßig schlank. P_5 ♀ 2—3gldr., ♂ sogar bis 4gldr., Endgl. meist ziemlich gestreckt, mit 4, seltener nur mit 3, bei einer Art (nr. 1) mit 5 Anhängen.

Marin; litoral.

16 sichere, 2 unsichere Arten.

Typus: *C. gracilis* Cls.

Übersicht der sicheren Arten:

1	Endgl. des P_5 mit 5 oder 4 Anhängen — 2	
	Endgl. des P_5 mit 3 Anhängen — 9	
2	P_5 ♀ ist mehr oder weniger deutlich 3gldr. — 3	
	P_5 ♀ ist nur 2gldr. — 7	
3	Grundgl. des P_5 mit 1 Borste an der distalen Medialecke — 4	
	Grundgl. des P_5 ohne Borste an der distalen Medialecke — 5	
4	Furca sehr lang, A_1 ♀ 20gldr.	2. **C. elegans**
	Furca kurz, schwach dreimal so lang wie breit, A_1 ♀ 17gldr.	3. **C. pusilla**
5	Furca sehr stark gestreckt	4. **C. longicornis**
	Furca kürzer, höchstens so lang wie die 2 letzten Abdsegm. zusammen — 6	
6	Vorderkörper stark verbreitert; schildförmig, A_1 ♀ 19gldr.	6. **C. dilatata**
	Vorderkörper normal eiförmig; A_1 ♀ 18gldr.	5. **C. littoralis**
	Vorderkörper normal eiförmig; A_1 ♀ 15gldr.	7. **C. intermedia**
7	Das Grundgl. des P_5 besitzt 1 Medial- und 1 Lateralrandborste	9. **C. belgicae**
	Das Grundgl. des P_5 besitzt nur 1 Lateralborste — 8	
8	A_1 ♀ 26gldr., Furca über zehnmal so lang wie breit . . .	1. **C. longifurcata**
	A_1 ♀ 15gldr., Furca nur etwa viermal so lang wie breit .	8. **C. longifurca**
9	Furca mäßig lang bis sehr lang — 10	
	Furca sehr kurz (etwa so lang wie das Analsegm. oder kürzer) — 14	
10	1 Furcalast mindestens viermal so lang wie breit — 11	
	1 Furcalast nur etwa dreimal so lang wie breit — 13	
11	Das sehr schlanke Endgl. des P_5 mit 3 lanzettförmigen Dornen	16. **C. euacantha**
	Das mäßig schlanke Endgl. des P_5 mit 2 Dornen und 1 zwischen diesen stehenden feinen Borste bewehrt — 12	
12	Ein Furcalast ist rund viermal so lang wie breit	10. **C. gracilis**
	Ein Furcalast ist rund sechsmal so lang wie breit	13. **C. pygmaea**
13	Endgl. des P_5 ziemlich schlank; von seinen beiden Dornen ist der mediale nur etwa $^1/_2$ des lateralen	11. **C. norvegica**
	Endgl. des P_5 ziemlich plump; die beiden Dornen ungefähr längengleich	12. **C. Steueri**

14 { Furcaläste $1^1/_2$mal so lang wie breit, der mediale Enddorn am Endgl. des $P_5 = {}^1/_2$ des lateralen . . . . 15. **C. brachystylis**
Furcaläste etwa so lang wie breit, der mediale Enddorn am Endgl. des P_5 etwa $^2/_3$ des lateralen . . . . 14. **C. Schneideri**

1. **C. longifurcata**[1]) T. Scott 1901 *C. l.*, T. Scott in: Rep. Fish. Board Scotl., *v.* 19 pars 3 p. 240 t. 17 f. 5—14 | 1924 *C. longicaudata*, Früchtl in: Arb. Inst. Innsbruck, *v.* 2 p. 79 (101).

Abd. sehr schlank, ebenso die Furca, ein Ast ist über 10mal so lang wie breit, sein Lateralrand besitzt 2 Seitenborsten. Vorderantennen so lang wie der Cephalothorax, 26gldr. 2. Basp. der Mandibel mit 2 Borsten, 1. Gl. des Enp. der Mandibel mit 2 Borsten. — Mittelgl. des Enp.$_1$ mit 1 Medialrandborste. 5. Füßchen 2gldr., Grundgl. groß, mit 1 Borste an der distalen Lateralecke, Endgl. gestreckt, mit 5 Borsten, die unter sich nicht sehr längenverschieden und alle befiedert sind. ♂ unbekannt. — L. ♀ 1,56 mm ohne Endborsten.

1 ♀ aus dem Magen eines Schellfisches, *Gadus aeglefinus* L., in der Nordsee bei den Shetland-Inseln.

2. **C. elegans** T. Scott 1894 *C. e.*, T. Scott in: Rep. Fish. Board Scotl., *v.* 12 pars 3 p. 237 t. 5 f. 9—19 | 1900 *C. e.*, Giesbrecht in: Mt. Stat. Neapel, *v.* 14 p. 44 t. 3 f. 14—22 | 1913 *C. e.*, G. O. Sars, Crust. Norway, *v.* 6 p. 15 t. 7.

Tierchen sehr schlank. Genitalsegm. etwas länger als die beiden folgenden Abdsegm. zusammen. Furca sehr gestreckt, ungefähr 8mal so lang wie breit; jeder Ast mit 2 kürzeren Lateralrandborsten. Vorderantennen ♀ kürzer als der Cephalothorax, 18—21gldr. 2. Gl. des Basp. der Mandibel mit 1 Borste, 1. Gl. des Enp. der Mandibel mit 2 Borsten. — Mittelgl. des Enp.$_1$ mit 2 Medialrandborsten. 5. Füßchen 3gldr., Grundgl. an der distalen Medial-, Mittelgl. an der distalen Lateralecke mit je 1 Fiederborste; Endgl. gestreckt, mit 4 Anhängen, davon sitzen 2 (1 Stachelborste und 1 dünnere Borste) am Ende und 2 Fiederborsten am Lateralrand; Medialrand glatt. — L. ♀ 0,8—0,83 mm.

Firth of Forth, Südküste von Norwegen, Golf von Neapel.

3. **C. pusilla** O. Sars 1905 *C. p.*, G. O. Sars in: Zool. Jahrb., Syst. *v.* 21 p. 399 t. 19 f. 150—161.

Vorderkörper mäßig schlank. Genitalsegm. ungefähr so lang wie das 2. und 3. Abdsegm. zusammen. Furcaläste kurz, nicht ganz 3mal so lang wie breit, Lateralrandborste sehr weit distal eingelenkt; medialste und lateralste Endborste sehr kurz. Die 1. Antennen 17gldr., kürzer als der Cephalothorax. Mandibel: 2. Gl. des Basp. mit 1 Borste, 1. Gl. des Enp. mit 2 Borsten. Mittelgl. des Enp.$_1$ mit 2 Borsten. 5. Füßchen 3gldr., Grundgl. kurz, aber breit, mit 1 Medialborste; 2. Gl. mit 1 Lateralborste; Endgl. mäßig gestreckt, mit 4 Fiederborsten, von denen 3 apikal stehen und die 4. in der Mitte des Lateralrandes. Eierballen klein, je 2 Eier enthaltend. ♂ unbekannt. — L. ♀ 0,52 mm.

Brackwasser der Chatham-Inseln (1 ♀).

4. **C. longicornis** Boeck 1872 *C. l.*, A. Boeck in: Forh. Selsk. Christian. for 1871, p. 41 | 1900 *C. litoralis* (part.), Giesbrecht in: Mt. Stat. Neapel, *v.* 14 p. 43 t. 3 f. 7 | 1913 *C. longicornis*, G. O. Sars, Crust. Norway, *v.* 6 p. 12 t. 5 (part.).

Ganzes Tierchen schlank. Genitalsegm. etwa so lang wie die beiden folgenden und das halbe Analsegm. zusammen. Furcaläste sehr schlank,

[1]) Bei der Tafelerklärung p. 280 (l. c.) wird die Art *C. longicaudata n. sp.* genannt!

nahezu 8mal so lang wie breit, jeder Ast mit langer Lateralrandborste ein wenig proximal von der Mitte. Die 1. Antennen ♀ 18gldr. und ungefähr so lang wie der Cephalothorax. Mandibel: 2. Gl. des Basp. mit 1 Borste, 1. Gl. des Enp. mit 3 Borsten (?). — Mittelgl. des $Enp._1$ mit 1 Medialrandborste. 5. Füßchen ♀: 3gldr., Grundgl. ohne Borste, mit behaartem Medialrand; 2. Gl. mit 1 Borste an der distalen Lateralecke, behaarter Medialrand; Endgl. kurz, distalwärts verbreitert, mit 4 Fiederborsten, von denen die medialste am kürzesten ist. 5. Füßchen ♂: 4gldr., Grundgl. unbewehrt, 2. Gl. mit 1 Borste an der distalen Lateralecke, 3. Gl. mit je 1 Borste an der distalen Lateral- und Medialecke, Endgl. kurz, mit 4 Fiederborsten. Genitalklappe des ♂ mit 2 Anhängen. — L. ♀ 0,7—0,9 mm.

Nördliches Eismeer, Nordsee (Küste von Norwegen — Helgoländer Bucht?); Mittelmeer? (Golf von Neapel?).

5. **C. littoralis** (G. Brady) 1872 *Cyclops l.*, G. S. Brady in: Ann. nat. Hist., ser. 4 *v.* 10 p. 5 t. 2 f. 9—14 | 1872 *C. l.*, G. S. Brady in: Nat. Hist. Tr. Northumb., *v.* 4 p. 429 t. 17 f. 9—14 | 1878 *Cyclopina l.*, G. S. Brady, Cop. Brit. Isl., *v.* 1 p. 92 t. 15 f. 1—9 | 1900 *C. litoralis* (part.), Giesbrecht in: Mt. Stat. Neapel, *v.* 14 p. 43 t. 2 f. 1—6, 8—13 | 1913 *C. longicornis* (part.), G. O. Sars, Crust. Norway, *v.* 6 p. 12 t. 5 f. F. var. | 1921 *C. littoralis*, G. O. Sars, ibid., *v.* 7 p. 104 t. 69 f. 3.

Der *C. longicornis* (nr. 4) sehr nahe stehend, aber die Furcaläste merklich kürzer, nur höchstens 4mal so lang wie breit, Seitenrandborste etwa in der Mitte entspringend. — L. ♀ 0,65 mm.

Küste der britischen Inseln, Helgoländer Bucht?, Golf von Neapel?

6. **C. dilatata** O. Sars 1921 *C. d.*, G. O. Sars, Crust. Norway, *v.* 7 p. 105 t. 70 f. 1.

Vorderkörper auffallend verbreitert, schildförmig. Genitalsegm. ungefähr so lang wie die beiden folgenden Abdsegm. zusammen. Furca mäßig gestreckt, ein Ast ist etwa 4mal so lang wie breit, Lateralrand mit je einer etwa proximal von der Mitte eingelenkten langen Borste. Vorderantennen 19gldr., kürzer als der Cephalothorax. Mandibel: 2. Gl. des Basp. mit 1 Borste, 1. Gl. des Enp. mit 3 Borsten (?). — Mittelgl. des $Enp._1$ mit 1 Medialrandborste (?). 5 Füßchen 3 gldr., Grundgl. klein, ohne Borste, Medialrand leicht behaart, Mittelgl. mit 1 Borste an der distalen Lateralecke; Endgl. ungefähr so lang wie die beiden andern Gl. zusammen, mit 4 Anhängen, die alle 4 als gefiederte Borsten erscheinen, 1 sitzt am Ende, 2 am Lateralrand und die 4. (kürzeste) gehört dem Medialrand an. ♂ unbekannt. — L. ♀ 0,56 mm.

Küste von Norwegen (2 ♀♀).

7. **C. intermedia** Sewell 1924 *C. i.*, Sewell in: Mem. Ind. Mus., *v.* 5 p. 792 t. 47 f. 1.

Vorderkörper mäßig schlank. Genitalsegm. etwa so lang wie die 3 folgenden Abdsegm. zusammen. Furcaläste kurz, etwa 2½mal so lang wie breit, mit langer Seitenrandborste in der Mitte. Vorderantennen fast so lang wie der Cephalothorax, 15gldr. Mandibel: 2. Gl. des Basp. mit 1 Borste, 1. Gl. des Enp. mit 3 Borsten. — Mittelgl. des $Enp._1$ mit 1 Medialrandborste. P_5 undeutlich dreigldr., Grundgl. unbewehrt, 2. Gl. mit Lateralborste, Endgl. stark gestreckt, mit 4 Anhängen, 3 apikalen (davon der mittlere eine lange Borste, die beiden andern kurz, dornartig) und einem kurzen, dem Lateralrand angehörenden. Eierballen klein, je nur 3—4 Eier enthaltend. P_5 ♂ ähnlich dem des ♀, aber der medialste Enddorn länger, der Lateralranddorn kürzer. Genitalklappen mit je 3 Borsten. — L. ♀ 0,51 mm, ♂ 0,40 mm.

Brackwasser des Chilka-Sees (Vorderindien).

8. **C. longifurca** Sewell 1924 *C. l.*, Sewell in: Mem. Ind. Mus., *v.* 5 p. 794 t. 47 f. 2.

Sehr ähnlich der *C. intermedia* (nr. 7). Aber Furcaläste länger, viermal so lang wie breit. P_5 nur 2gldr., Endgl. gedrungen, die Dornen länger als bei *C. intermedia.* Eierballen größer, mit je 11—12 Eiern. ♂ unbekannt. — L. ♀ 0,59 mm.

Brackwasser des Chilka-Sees (Vorderindien).

9. **C. belgicae** Giesbr. 1902 *C. b.*, Giesbrecht in: Résult. Voy. Belgica, Zool. Cop. p. 30 t. 7 f. 1—15 | 1912 *C. b.*, T. Scott in: Tr. R. Soc. Edinb., *v.* 48 p. 569 t. 1 f. 2—13.

Körper schlank. Genitalsegm. etwas länger als die beiden folgenden Abdsegm. zusammen. Furcaläste sehr gestreckt, 8mal so lang wie breit; Lateralrand mit 2 Borsten; die obere ist winzig klein und teilt den Ast im Verhältnis von 1:5; die untere, längere teilt jeden Ast wie 5:3. Vorderantennen 17gldr., nicht ganz so lang wie der Cephalothorax. Mandibel: 2. Gl. des Basp. mit 1 Borste, 1. Gl. des Enp. mit 3 Borsten. — Mittelgl. des $Enp._1$ mit 2 Medialrandborsten. 5. Füßchen 2gldr., Grundgl. massig, da aus 2 verschmolzenen Gl. bestehend; deshalb mit 1 Medialrandborste in der Mitte und 1 distalen Lateralborste versehen; Endgl. sehr schlank, 4mal so lang wie breit, mit 4 Borsten (2 apikal, 2 am Lateralrand; Medialrand unbewehrt). — ♂: Am Endgl. des $Exp._2$ sind 2 Dornen eigentümlich gestaltet: beide sind sehr kräftig, der apikale ist stark nach lateral gekrümmt, der distale ist stark verlängert und mehr gerade. 5. Füßchen 3gldr., Grundgl. mit 1 Borste innen, Mittelgl. mit je 1 Borste medial und lateral, das kurze Endgl. mit 4 Borsten (2 langen und 2 kurzen). Genitalklappe breit, kurz, mit 3 Börstchen. — L. ♀ 1,13—1,2 mm, ♂ 0,75—0,8 mm.

Südliches Eismeer (zwischen 70 und 71° südl. Breite und 87 und 93° westl. Länge).

10. **C. gracilis** Cls. 1863 *C. g.*, C. Claus, Freileb. Cop., p. 104 t. 10 f. 9—15 | 1878, 1880 *C. g.*, G. S. Brady, Cop. Brit. Isl., *v.* 1 p. 93 t. 24B f. 1—9; *v.* 3 t. 91 f. 10, 11 | 1882 *C. g.* (part.?), Giesbrecht in: Ber. Komm. D. Meere, *v.* 4 p. 137 t. 2 f. 3, 13, t. 4 f. 19, 20, 31, t. 5 f. 14, t. 6 f. 6, t. 7 f. 20, t. 8 f. 18, 19, 47, 48, t. 9 f. 7, t. 10 f. 1, 36, 42, 49, t. 11 f. 8 | 1900 *Cyclops salinus*, G. S. Brady in: Nat. Hist. Tr. Northumb., *v.* 13 p. 432 t. 12 f. 11—15 | 1900 *Cyclopina gracilis*, Giesbrecht in: Mt. Stat. Neapel, *v.* 14 p. 45 | 1904 *Cyclops salinus*, G. S. Brady in: Nat. Hist. Tr. Northumb., n. ser. *v.* 1 p. 5 t. 1 f. 1—3 | 1913 *Cyclopina gracilis* (part.), G. O. Sars, Crust. Norway, *v.* 6 p. 11 t. 4.

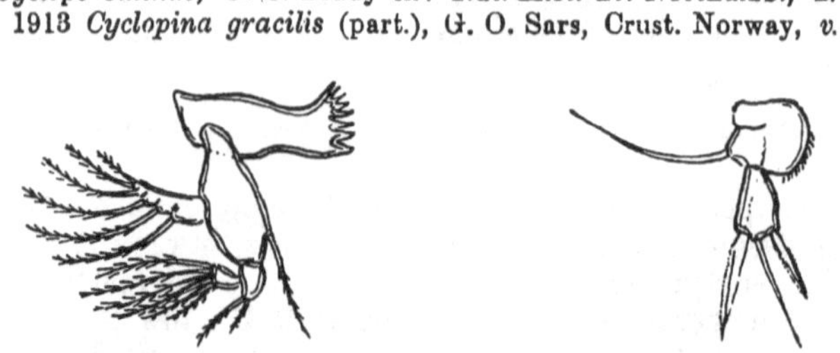

Fig. 5. **C. gracilis** ♀. *a)* Mandibel, *b)* P_5 (nach G. O. Sars).

Vorderkörper mäßig schlank. Genitalsegm. nahezu so lang wie die 3 folgenden Abdsegm. zusammen. Furcaläste mittellang (viermal so lang wie breit), Seitenrandborste sehr weit proximal eingelenkt. Vorderantennen 10gldr., kürzer als der Cephalothorax. Mandibel (Fig. 5a): 2. Gl. des Basp. mit 1 Borste, 1. Gl. des Enp. mit 2 Borsten. — Mittelgl. des $Enp._1$ mit

1 Medialrandborste. P_5 2gldr., Grundgl. recht umfangreich, mit 1 Lateralrandborste, Endgl. etwa $1^1/_2$ mal so lang wie am Vorderende breit, mit 3 Anhängen: 1 Mittelborste und rechts und links davon je 1 lanzettförmiger Dorn; der mediale ist etwa $^2/_3$—$^3/_4$ mal so lang wie der laterale (Fig. 5b). P_5 ♂ wie beim ♀. Genitalklappen mit je 2 Borsten. — L. ♀ 0,43—0,65 mm.

Nördliches Eismeer, Nordsee, Ostsee (?), Mittelmeer, Suezkanal.

11. **C. norvegica** Boeck 1864 *C. n.*, A. Boeck in: Forh. Selsk. Christian., p. 247 | 1882 *C. gracilis* (part. ?), Giesbrecht in: Ber. Komm. D. Meere, *v.* 4 p. 137 t. 2 f. 3, 13, t. 4 f. 19, 20, 31, t. 5 f. 14, t. 6 f. 6, t. 7 f. 20, t. 8 f. 18, 19, 47, 48, t. 9 f. 7, t. 10 f. 1, 36, 42, 49, t. 11 f. 8 | 1900 *C. g.* (part.), Giesbrecht in: Mt. Stat. Neapel, *v.* 14 p. 45 | 1913 *C. g.* (part.), G. O. Sars, Crust. Norway, *v.* 6 p. 11 t. 4 f. F. var. | 1921 *C. norvegica*, G. O. Sars, ibid., *v.* 7 p. 102 t. 69 f. 1.

Der *C. gracilis* (nr. 10) sehr ähnlich. Aber: Furcaläste kürzer, nur rund 3mal so lang wie breit, Seitenrandborste mehr der Mitte zu eingelenkt. Endgl. des P_5 etwas schlanker, am Grunde stärker eingeschnürt (Fig. 6); der laterale Lanzettdorn ist doppelt so lang wie der mediale. — L. 0,5 mm.

Fig. 6. C. norvegica ♀. P_5 (nach G. O. Sars).

Nordsee (Küste von Norwegen), Ostsee (Kieler Bucht), Britische Inseln (?), Küste von Frankreich?

12. **C. Steueri** Früchtl 1923 *C. s.*, Früchtl in: Abh. Senckenb. Ges., *v.* 37 p. 453 | 1924 *C. s.*, Früchtl in: Arb. Inst. Innsbruck, *v.* 2 p. 74 (96) f. 49—58 | 1926 *C. ensifera*, Grandori in: Boll. Ist. zool. Roma, *v.* 3 p. 59 t. 1 f. 24—35.

In der allgemeinen Körperform der *C. norvegica* (nr. 11) ähnlich. Genitalsegm. länger als die beiden folgenden Abdsegm. zusammen; ventraler Hinterrand dieses und des folgenden Segm. mit fein gefranstem Cuticularsaum. Furcaläste kurz, $2^1/_2$ mal so lang wie breit, Seitenrandborste lang, etwas oberhalb von der Mitte; ventraler Hinterrand jedes Astes ebenfalls mit gefranstem Cuticularsaum. 1. Antennen 10gldr., kürzer als der Cephalothorax. Mandibel: 2. Gl. des Basp. mit 1 Borste, 1. Gl. des Enp. mit 3 Borsten. — Mittelgl. des $Enp._1$ mit 1 Borste. P_5 ähnlich dem von *C. pygmaea* (nr. 13), aber die zwischen den beiden unter sich längengleichen Lanzettdornen sitzende Fiederborste ist $1^1/_2$ mal so lang wie die Dornen. ♂ unbekannt. — L. ♀ 0,41 mm.

Im Gebiet der Aru-Inseln, Mittelmeer.

13. **C. pygmaea** O. Sars 1918 *C. p.*, G. O. Sars, Crust. Norway, *v.* 6 p. 210 t. 115 f. 2.

Sehr ähnlich der *C. gracilis* Cls. (nr. 10). Aber: Furcaläste stärker gestreckt, etwa 6mal so lang wie breit. Die 3 Anhänge des Endgl. von P_5 unter sich annähernd längengleich. ♂ nicht beschrieben. — L. ♀ 0,42 mm.

Süd- und Südwestküste von Norwegen.

14. **C. Schneideri** T. Scott 1903 *C. s.*, T. Scott in: Ann. nat. Hist., ser. 7 *v.* 11 p. 6 t. 1 f. 1—6 | 1913 *C. brevifurca*, G. O. Sars, Crust. Norway, *v.* 6 p. 14 t. 6.

Vorderkörper mäßig schlank. Genitalsegm. fast so lang wie die 3 folgenden Abdsegm. zusammen. Furcaläste sehr kurz, nur etwa so lang wie breit, mit langer Seitenrandborste in der Mitte. Vorderantennen 12gldr., nicht ganz so lang wie der Cephalothorax. Mandibel: 2. Gl. des Basp. mit 1 Borste, 1. Gl. des Enp. mit 3 Borsten. — Mittelgl. des $Enp._1$ mit 1 Medialrandborste. P_5 2gldr., Grundgl. mit 1 Lateralrandborste und behaartem Medialrand; Endgl. gestreckt, mit 3 Anhängen; der mittlere ist eine glatte Borste, die beiden andern, die sehr nahe dem Gl.-Ende zu eingelenkt sind, erscheinen als lanzettförmige Dornen ausgebildet. ♂ noch nicht beschrieben. — L. ♀ 0,6—0,7 mm nach Sars, mehr als 1 mm nach Scott.

Nördliches Eismeer (Ost-Finnmarken), Küste von Norwegen, Suezkanal.

15. **C. brachystylis** O. Sars 1921 *C. b.*, G. O. Sars, Crust. Norway, *v.* 7 p. 103 t. 69 f. 2.

Vorderkörper ziemlich gedrungen. Genitalsegm. länger als die 2 folgenden Abdsegm. zusammen. Furcaläste kurz, nur wenig ($1^1/_2$ mal) länger als breit; die lange Seitenrandborste sitzt in der Mitte. Vorderantennen 10gldr., kürzer als der Cephalothorax. Mandibel und Mittelgl. des $Enp._1$ wie bei *C. gracilis* (?) oder *C. Schneideri* (?). P_5 2gldr., Grundgl. mit 1 Außenrandborste und behaartem Medialrand, Endgl. gestreckt, mit 3 Anhängen, 2 Dornen und 1 dazwischen stehenden langen Borste; der mediale Dorn ist nur etwa halb so lang wie der laterale. ♂ nicht beschrieben. — L. ♀ 0,56 mm.

Süd- und Westküste von Norwegen.

16. **C. euacantha** O. Sars 1918 *C. e.*, G. O. Sars, Crust. Norway, *v.* 6 p. 209 t. 115 f. 1.

Vorderkörper ziemlich plump, breit-eiförmig. Genitalsegm. länger als die 3 folgenden Abdsegm. zusammen. Furcaläste ziemlich gestreckt, etwas über 4mal so lang wie breit, Lateralrand mit nur 1 langen Borste, die ein wenig proximal von der Mitte eingelenkt ist. Vorderantennen 19gldr., ungefähr so lang wie der Cephalothorax. 2. Gl. des Basp. der Mandibel mit 1 Borste, 1. Gl. des Enp. der Mandibel mit 2 Borsten. — Mittelgl. des $Enp._1$ mit 1 Medialrandborste. 5. Füßchen 2gldr., Grundgl. breit, mit 1 Borste an der distalen Lateralecke; Endgl. langgestreckt, rund 4mal so lang wie breit, mit 3 lanzettförmigen Dornen bewehrt, davon ist einer am Ende, die beiden anderen am Lateralrand eingelenkt. Medialrand kahl. ♂ unbekannt. — L. ♀ 0,80 mm.

Küste Norwegens bei den Lofoten-Inseln.

2. Gen. **Cyclopinella** O. Sars

1913 *C.*, G. O. Sars, Crust. Norway, *v.* 6 p. 16.

Cyclopina sehr ähnlich. Kopf und 1. schwimmfußtragendes Thoraxsegm. getrennt. Vorderkörper im vorderen Teil sehr verbreitert, nach hinten stark verschmälert. 2. Antennen 4gldr., 1. Gl. ohne Borsten. Mandibularpalpus einfach, 2gldr. (Fig. 7). P_5 gut entwickelt, 3gldr.

Fig. 7. C. tumidula ♀. Mandibel (nach G. O. Sars).

Marin, litoral.

1 Art.

1. **C. tumidula** O. Sars 1913 *C. t.*, G. O. Sars, Crust. Norway, *v.* 6 p. 16 t. 8.

Vorderkörper breit, besonders an der Grenze zwischen Kopf und 1. Thoraxsegm. Abd. schmal, schlank. Furcaläste etwa $3^1/_2$—4mal so lang wie breit, mäßig gespreizt. Vorderantennen viel kürzer als der Kopf, 12gldr., 9. Gl. länger als die andern, mit schlankem Sinneszylinder. Hinterantennen kurz, 4gldr., Grundgl. ohne Anhänge. Schwimmfußäste 3gldr., 1. Gl. der Lateraläste ohne Medialrandborste. Dornen breit gesäumt, lanzettförmig. Die beiden Enddornen am Endgl. des $Enp._4$ nahezu gleich lang. Dornformel 4·4·4·3. P_5 3gldr., 1. Gl. ohne jede Bewehrung, 2. Gl. mit Lateralrandborste, Endgl. langgestreckt, in der Mitte des Lateralrandes mit Dorn, am Ende 2 Dornen und dazwischen eine zarte Borste; die Dornen lanzettförmig wie an den Schwimmfüßen. Eierballen klein, dem Abd. anliegend, je nur 3 Eier enthaltend. — P_5 ♂ wie beim ♀. — L. ♀ 0,68—0,75 mm.

Küste von Norwegen.

3. Gen. **Cyclopetta** O. Sars

1913 *C.*, G. O. Sars, Crust. Norway, *v.* 6 p. 18.

Körper etwas abgeflacht. Kopf mit dem 1. schwimmfußtragenden Thoraxsegm. verschmolzen. Cephalothorax ziemlich spitz 3eckig. Abd. relativ kurz. Vorderantennen kurz, weniggldr. Hinterantennen gedrungen, 4gldr., Grundgl. mit 2 Borsten; alle Borsten ziemlich lang und befiedert. Mandibularpalpus 2ästig, Exp. 4-, Enp. 1gldr. Schwimmbeine gut entwickelt mit 3gldr. Ästen. P_5 stärker verkümmert als bei *Cyclopina.*

Marin, litoral.

1 Art.

1. **C. difficilis** O. Sars 1913 *C. d.*, G. O. Sars, Crust. Norway, *v.* 6 p. 18 t. 9.

Körper verhältnismäßig gedrungen, nur der Cephalothorax ziemlich stark vorgezogen und dadurch spitz-dreieckig. Genitalsegm. in der Mitte etwas eingeschnürt. Furcaläste kurz, wenig länger als breit, Seitenborste in der Mitte des Lateralrandes; medialste Endborste doppelt so lang wie die lateralste. Vorderantennen kaum halb so lang wie der Cephalothorax, 9gldr., 5. Gl. besonders lang. Schwimmfußäste 3gldr. Dornformel 4•4•4•3. Am Endgl. vom $Enp._4$ apikal nicht 2 Dornen, sondern 2 Fiederborsten (?). P_5 1gldr., oval, an der lateralsten Ecke des letzten Thoraxsegm. entspringend, weit vorstehend, mit 3 starken, befiederten, gekrümmten Borsten bewehrt. Die Lateralborste des ehemaligen Grundgl. entspringt der Lateralecke des 5. Thoraxsegm. Eierballen klein, je etwa 7 Eier enthaltend, etwas vom Abd. abstehend. ♂ unbekannt. — L. ♀ 0,6 mm.

Küste von Norwegen.

B. Subfam. **Pterinopsyllinae**

1927 *P.*, F. Kiefer in: Zool. Anz., *v.* 73 p. 308 | 1928 *P.*, F. Kiefer in: Zool. Anz., *v.* 75 p. 222.

Hinterantennen 3gldr., Vorderantennen des ♂ mit auffallend langen Sinneszylindern. Die beiden Endgl. des $Enp._4$ beim ♀ bisweilen nur unscharf voneinander getrennt; das mittlere Gl. ohne oder mit 1—2 sehr kurzen Medialrandanhängen; von den Anhängen des Endgl. sind entweder nur die beiden am Medialrand sitzenden oder alle kurz, dornartig. $Enp._4$ des ♂ normal. $Enp._1$ des ♂ am Ende mit einem starken, hakenartig nach innen gekrümmten Dorn. $Enp._1$ des ♀ normal.

1 Gattung mit 3 Arten.

4. Gen. **Pterinopsyllus** G. Brady

1878 *Lophophorus* (non Temminck 1815), G. S. Brady, Cop. Brit. Isl., *v.* 1 p. 121 | 1880 *Pterinopsyllus*, G. S. Brady, ibid. *v.* 3 p. 23 | 1893 *Cyclopella*, C. Claus in: Arb. Inst. Wien, *v.* 10 p. 287 | 1900 *Pterinopsyllus*, Giesbrecht in: Mt. Stat. Neapel, *v.* 14 p. 46 | 1913 *P.*, G. O. Sars, Crust. Norway, *v.* 6 p. 20.

Vorderkörper etwas abgeflacht; Rostrum lang, dreieckig, in ventraler Richtung abstehend; Kopf mit dem ersten Thoraxsegm. verwachsen. Hinterleib dick, halb so breit wie der Vorderkörper. Furcaläste sehr kurz. Vorderantennen sehr gedrungen gebaut, 8gldr., nur halb so lang wie der Cephalothorax, mit vielen dicken, meist befiederten Borsten besetzt. Hinterantennen durch Verschmelzung der 2 Endgl. nur noch 3gldr. Kauteil der Mandibel mit sehr starken Zähnen; Mandibularpalpus 2ästig; Enp. 2gldr. mit 2+6 Borsten; Exp. gestreckt, 1gldr., mit 5 Anhängen. Die 1. Maxille besitzt 1gldr. Enp. und 1gldr. Exp. Der Maxilliped verjüngt sich distalwärts nur wenig, der Enp. ist 4- (5!)gldr. Schwimmfußäste 3gldr., stark bedornt und beborstet. Die Anhänge des $Enp._4$ sind größtenteils rudimentär oder kurz, dornartig. $Enp._1$ des ♂ mit scharf nach innen umgebogenem, starkem Dorn. P_5 ♀: Basale 2gldr., 1. Gl. mit Lateral-, 2. Gl. mit Medialrandborste; Endgl. mit 3—4 Borsten. Beim P_5 ♂ besitzt das 2. Gl. auch noch 1 Lateralrandborste.

Marin, litoral.

3 Arten.

Typus: *P. insignis* G. Brady

Übersicht der Arten:

1	Endgl. von P_5 mit nur 3 kurzen Borsten	2. **P. egregius**
	Endgl. von P_5 mit 4 (längeren) Borsten — 2	
2	Endgl. oval, etwa doppelt so lang wie breit	1. **P. insignis**
	Endgl. länger gestreckt; 1. Basalgl. ohne Medialrandborste . .	3. **P. illustris**

1. **P. insignis** (G. Brady) 1878 *Lophophorus i.*, G. S. Brady, Cop. Brit. Isl., *v.* 1 p. 122 t. 13 f. 1—10, t. 15 f. 10 | 1900 *Pterinopsyllus i.*, Giesbrecht in: Mt. Stat. Neapel, *v.* 14 p. 50 t. 2 f. 5, 13, 21 | 1913 *P. i.*, G. O. Sars, Crust. Norway, *v.* 6 p. 21 t. 10, 11.

Die langen Furcalendborsten heteronom befiedert (proximal mit langen, weitstehenden, distal mit kurzen, dichten Fiederchen besetzt). Von den 3 Borsten des Lobus 1 der 2. Maxille ist der eine etwas dicker als die andern beiden. Von den 3 distalen Borsten am 1. Basalgl. des Maxillipeden ist keine der proximalen Borste ähnlich. Das 2. Gl. des $Enp._4$ ist ohne Borste; das 3. Gl. lateral mit 1, am Ende mit 2 Borsten, medial mit 2 kurzen Dornen. Medialborste des 1. Grundgl. von P_5 ♀ das Ende des Fußes nur wenig überragend; Endgl. oval, etwa doppelt so lang wie breit, mit 4 nur wenig längenungleichen Borsten besetzt, von denen 2 befiedert, 2 nackt sind (nach G. O. Sars 3 befiedert und nur 1 nackt). P_5 ♂: 1. Gl. sehr breit, 2. Gl. etwa doppelt so lang wie breit, Endgl. kurz, breiter als lang. Genitalklappenbewehrung aus 2 kräftigen, längeren Dornen und einer kürzeren, unbefiederten Borste bestehend. Eierballen birnförmig, mit je 3—4 großen Eiern. — L. ♀ 0,75 bis 0,9 mm; ♂ 0,6 mm (?).

Küste von Schottland, England, Norwegen, Golf von Neapel.

2. **P. egregius** Giesbr. 1900 *P. e.*, Giesbrecht in: Mt. Stat. Neapel, *v.* 14 p. 51 t. 2 f. 1—4, 6—10, 12, 15, 19.

Fiederung der beiden langen Furcalendborsten durchweg etwa gleichartig. Am 1. Lobus des 1. Grundgl. der 2. Maxille ist eine Borste viel dicker als die 2 andern. Eine der 3 distalen Borsten des 1. Basalgl. des Maxillipeden ist wie die proximale Borste dieses Gl. lang, dick und kammartig gefiedert. 2. Gl. des $Enp._4$ medial mit 2 kurzen Börstchen, 3. Gl. unvollkommen vom vorhergehenden Gl. getrennt, mit 1 Fiederbörstchen am Lateralrand und 4 Dornen am End- und Medialrand. 1. Gl. von P_5 medial mit sehr langer, das Ende des Fußes weit überragender Fiederborste. Endgl. oval, kaum doppelt so lang wie breit, distal eingekerbt, außen von der Kerbe mit behaartem Höcker, worauf eine der 3 Borsten des Endgl. entspringt; die beiden andern sitzen medial davon. Eierballen und ♂ unbekannt. — L. ♀ 1 mm.

Golf von Neapel.

3. **P. illustris** Giesbr. 1900 *P. i.*, Giesbrecht in: Mt. Stat. Neapel, *v.* 14 p. 51 t. 2 f. 18, 22.

Rumpf etwas gedrungener gebaut als bei der vorigen Art. Furcalendborsten ähnlich wie bei *P. insignis* (nr. 1). Borsten der 2. Maxille und des Maxillipeden wie bei *P. egregius* (nr. 2), ebenso auch der $Enp._4$, doch hat das 2. Gl. medial nur 1 dornartiges Börstchen. Die Grundgl. des P_5 sind nur undeutlich von einander getrennt, kurz; die mediale Borste des 1. Gl. fehlt; Endgl. veränderlich, bald sehr langgestreckt, bald etwas kürzer; am Ende entspringen 2 dickere laterale befiederte und 2 dünne mediale glatte Borsten. Eierballen und ♂ noch unbekannt. — L. ♀ 0,85—0,9 mm.

Golf von Neapel.

Cyclopinidarum species incertae

?**Cyclopina ovalis** (G. Brady) 1872 *Cyclops o.*, G. S. Brady in: Ann. nat. Hist., ser. 4 *v.* 10 p. 5 t. 3 f. 1, 2.

?**C. glacialis** (G. Brady) 1910 *Cyclops g.*, G. S. Brady in: D. Südp.-Exp., *v.* 11 p. 565 f. 52, 1—6.

Südliches Eismeer.

3. Fam. Cyclopidae

1852 *C.* (part.), J. D. Dana in: U. S. expl. Exp., *v.* 13 II p. 1039, 1174 | 1863 *C.* (part.), C. Claus, Freileb. Cop., p. 92 | 1892 *C.* (part.), Schmeil in: Bibl. zool., pars 11 p. 14 | 1913 *C.*, G. O. Sars, Crust. Norway, *v.* 6 p. 22.

Allgemeine Körperform der der Cyclopiniden ähnlich. Kopf mit dem 1. Thoraxsegm. zu einem Cephalothorax verwachsen. Furca sehr kurz bis sehr lang. ♀ Vorderantennen höchstens so lang wie die 4 ersten Körpersegm., allermeist viel kürzer, 21—6gldr. Hinterantennen meist 4-, selten 3gldr. Mandibulartaster sehr verkümmert, auf einen 3 Borsten tragenden Höcker zurückgebildet (Fig. 16a). Äste der Schwimmfüße 3gldr., bei vielen Arten aber zum Teil oder alle nur 2- oder 1gldr. 5. Füßchen meist stark verkümmert, 3gldr. bis ungegliedert.

Im Meer (litoral), im Brack- und Süßwasser.

3 Unterfamilien mit 11 Gattungen.

Übersicht der 3 Unterfamilien:

End- oder einziges Gl. des P_5 vom ♀ mit 4 Anhängen	A. Subfam. **Halicyclopinae**
End- oder einziges Gl. des P_5 mit 3 Anhängen	B. Subfam. **Eucyclopinae**
End- oder einziges Gl. des P_5 mit 2 (1) Anhängen	C. Subfam. **Cyclopinae**

A. Subfam. Halicyclopinae

1927 *H.*, F. Kiefer in: Zool. Anz., *v.* 73 p. 303 | 1927 *Rhynchoceratinae* (part.), Labbé in: Arch. Zool. expér., *v.* 66 p. 163.

Das Endgl. des P_5 vom ♀ trägt 4 Anhänge: 3 Dornen und 1 zarte Borste; beim P_5 des ♂ ist meist der gleiche Bau zu erkennen.

Im Meer (litoral), im Brackwasser und in salzhaltigen Binnengewässern, 1 Art im Süßwasser.

3 Gattungen mit 10 Arten.

Übersicht der Gattungen:

1 { P_5 3gldr. — 2
  { P_5 mehr oder weniger deutlich 2gldr. . . . . 2. Gen. **Halicyclops**

2 { Mandibel mit knopfförmigem, dreiborstigem Taster, 1. Antennen des ♀ 21gldr. . . . . 1. Gen. **Euryte**
  { Mandibel ohne Taster, 1. Antennen des ♀ 8gldr. . . . 3. Gen. **Neocyclops**

1. Gen. **Euryte** Phil.

1843 *E.*, A. Philippi in: Arch. Naturg., *v.* 9 I p. 63 | 1864 *Thorellia*, A. Boeck in: Forh. Selsk. Christian., for 1863 p. 249 | 1900 *Euryte*, Giesbrecht in: Mt. Stat. Neapel, *v.* 14 p. 52 | 1913 *E.*, G. O. Sars, Crust. Norway, *v.* 6 p. 23.

Kopf mit dem 1. Thoraxsegm. zu einem Cephalothorax verschmolzen. Vorderkörper eiförmig, deutlich vom Hinterleib getrennt. Rostrum ventral stark vorspringend, ungefähr dreikantig pyramidenförmig. Hinterleib schlank. Das Gensegm. des ♀ läßt dorsal die Grenze zwischen dem ehemaligen 1. und 2. Abdsegm. erkennen; an dieser Stelle entspringt jederseits ein dornartiger Fortsatz. Die Furcaläste sind mäßig bis sehr lang; die Seitenrandborste jedes Astes ist klein und sehr nahe dem Ende zu eingelenkt. Vorderantennen 21gldr., aber verhältnismäßig kurz. Hinterantennen 4gldr. Mandibeltaster rudimentär, mit 3 Borsten, von denen die mittlere am längsten ist. Endrand des 2. Gl. vom Basp. der 1. Maxille nicht beborstet, sondern gezähnelt. Maxilliped am Ende mit 2 klauenförmig gekrümmten Dornen. Die 4 Schwimmfußpaare haben 3gldr. Äste, der größte Teil der Anhänge erscheint als lanzettförmige Dornen. P_5 ist 3gldr., Grundgl. kurz, unbewehrt, 2. Gl. kurz, mit 1 Lateralborste, Endgl. langgestreckt, mit 4 Anhängen (3 lanzettlichen Dornen und 1 Borste). Die ♂♂ unterscheiden sich von den ♀♀ (äußerlich) durch ihre geringere Größe und im Bau des Abd. und der Vorderantennen.

Marin.

4 sichere Arten.

Typus: *E. longicauda* Phil.

Übersicht der Arten:

1 { Furcaläste außerordentlich lang (7—8mal so lang wie breit) 1. **E. longicauda**
  { Furcaläste höchstens 4—5mal so lang wie breit — 2

2 { Der mediale der beiden Enddornen am Endgl. des $Enp._4$ kürzer als das gedrungene Gl. . . . . 2. **E. robusta**
  { Der mediale der beiden Dornen länger als das Gl. — 3

3 { Medialer Enddorn am Endgl. des $Enp._4$ nur wenig länger als das Gl. . . . . 4. **E. similis**
  { Dieser Dorn um die Hälfte länger als das Gl. . . . . 3. **E. curticornis**

1. **E. longicauda** Phil. 1843 *E. l.*, A. Philippi in: Arch. Naturg., *v.* 9 I p. 64 t. 3 f. 3a—d | 1864 *Thorellia brunnea*, A. Boeck in: Forh. Selsk. Christian., for 1863 p. 250 1868 *Cyclopina clausi*, Czerniavski in: Arb. Vers. Russ. Naturf., Zool. *v.* 1 p. 39 t. 1 1869 *Cyclops nigricauda*, ? *C. pallidus*, A. M. Norman in: Rep. Brit. Ass., *v.* 38 (for 1868) p. 295 | ? 1883 *Thorellia brunnea var. antarctica*, G. M. Thomson in: Tr. N. Zealand Inst., *v.* 15 p. 95 t. 5 f. 15—19 | 1900 *Euryte longicauda*, Giesbrecht in: Mt. Stat. Neapel, *v.* 14 p. 57 t. 4 f. 15, 17, 19—21 | 1905 *E. l. var. minor*, T. Scott in: Rep. Fish. Board Scotl., *v.* 23 pars 3 p. 143 t. 10 f. 13, 14 | ? 1910 *E. propinqua*, G. S. Brady in: D. Südp.-Exp., *v.* 11 p. 566 f. 53, 1—8 | 1913 *E. longicauda*, G. O. Sars, Crust. Norway, *v.* 6 p. 24 t. 12 | ? 1921 *E. minor*, G. O. Sars, Crust. Norway, *v.* 7 p. 106 t. 70 f. 2 | ? 1926 *E. longiseta* ♂, Grandori in: Boll. Ist. zool. Roma, *v.* 3 p. 49 t. 1 f. 16—23.

Gesamtform *Cyclops*-ähnlich. Furcaläste sehr schlank, 7—8mal so lang wie breit, in der Mitte verschmälert. Die beiden mittleren Endborsten heteronom befiedert (in der Mitte mit weitstehenden Stachelchen, distalwärts mit zarten Fiederchen besetzt). Vorderantennen etwa $^3/_4$ der Länge des Cephalothorax erreichend. Medialer Enddorn am Endgl. des Enp.$_4$ etwa so lang wie das Gl., lateraler ein wenig kürzer. P_5 (Fig. 8): Endgl. langgestreckt, seine Dornen schlank. ♂: Am Vorderrande des verdickten Mittelstückes der Greifantenne keine starke S-förmige Borste. — L. ♀ 0,7 bis 1,3 mm, ♂ 0,55—0,9 mm.

Nördliches Eismeer (Grönland, Franz-Josefs-Land), europäische Küsten des Atlantischen Ozeans (Norwegen, Britische Inseln, Frankreich), Mittelmeer (Golf von Neapel), Schwarzes Meer; Suezkanal.

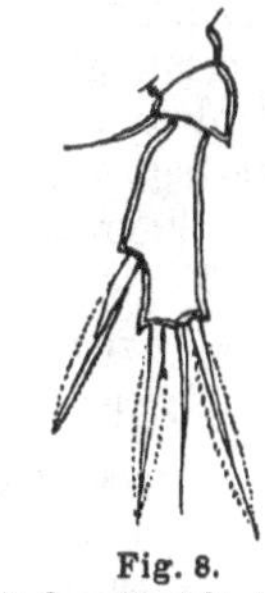

Fig. 8. E. longicauda ♀, P_5 (nach G. O. Sars).

2. **E. robusta** Giesbr. 1900 *E. r.*, Giesbrecht in: Mt. Stat. Neapel, *v.* 14 p. 58 t. 4 f. 1—14, 16, 18 | 1913 *E. r.*, G. O. Sars, Crust. Norway, *v.* 6 p. 26 t. 13.

Gesamtform gedrungener als bei *E. longicauda* (nr. 1). Furcaläste nur mittelmäßig lang (4mal so lang wie breit), mit ziemlich parallelen Seitenrändern; Furcalendborsten nahezu homonom befiedert. Gl. der Schwimmfußäste gedrungen, Dornen und Borsten verhältnismäßig kurz. Der mediale Enddorn am Endgl. des Enp.$_4$ kürzer als das Gl. P_5 ähnlich dem von *E. longicauda*, die Dornen jedoch kürzer. Am Vorderrande des verdickten Mittelstückes der ♂ Greifantenne eine starke S-förmig gekrümmte Borste. — L. ♀ 1,1—1,42 mm, ♂ 1—1,1 mm.

Küste von Norwegen, Golf von Neapel, Suezkanal.

3. **E. curticornis** O. Sars 1913 *E. c.*, G. O. Sars, Crust. Norway, *v.* 6 p. 27 t. 14.

Im Gesamtaussehen der *E. longicauda* (nr. 1) ähnlich. Aber Furcaläste kürzer, nur ungefähr 4mal so lang wie breit, mit parallelen Rändern, nicht gespreizt. Vorderantennen kaum so lang wie der halbe Cephalothorax. Das klauentragende Endgl. des Maxillipeden kurz, Klauen ebenso. Das Endgl. des Enp.$_4$ etwas gedrungener als bei *E. longicauda*, seine Dornen aber länger. Ebenso erscheinen auch die Dornen am Endgl. des P_5 etwas schlanker. Eierballen ziemlich groß, dem Abd. anliegend. ♂ nicht beschrieben. — L. ♀ 1,30 mm.

Küste Norwegens (bei den Lofoten-Inseln); Karisches Meer.

4. **E. similis** T. Scott 1912 *E. s.*, T. Scott in: Tr. R. Soc. Edinb., *v.* 48 p. 570 t. 1 f. 14—22.

Der *E. curticornis* (nr. 3) sehr ähnlich. Aber: klauentragendes Endgl. des Maxillipeden langgestreckt, die Klauen selbst, insbesondere die eine von ihnen, ebenfalls verlängert. Die Dornen am Endgl. des Enp.$_4$ im Verhältnis zur Gl.-Länge weniger schlank. ♂ nicht beschrieben. — L.?

Südlicher Atlantischer Ozean (südliche Orkney-Inseln).

2. Gen. **Halicyclops** Norm.

1853 *Cyclops* (part.), Lilljeborg, Clad. Ostr. Cop., p. 204 | 1893 *C. (Hemicyclops)* (non Boeck), C. Claus in: Arb. Inst. Wien, *v.* 10 p. 348 | 1903 *Halicyclops*, A. M. Norman in: Ann. nat. Hist., ser. 7 *v.* 11 p. 368 | 1913 *H.* (Subgen. von *Cyclops* O. F. M.), Burckhardt in: Zool. Jahrb., Syst. *v.* 34 p. 449 | 1913 *H.*, G. O. Sars, Crust. Norway, *v.* 6 p. 28 | 1927 *Herouardia*, Labbé in: Arch. Zool. expér., *v.* 66 p. 191.

Körper dorsoventral stark abgeflacht. Kopf und 1. Thoraxsegm. miteinander verschmolzen; Abd. breit; Furcaläste kurz. Vorderantennen ♀ kurz und kräftig, nur 6gldr. Hinterantennen durch Verschmelzung der beiden Endgl. 3gldr. Borsten des Mandibularpalpus ziemlich kurz. Maxilliped schmächtig, 2—3gldr. Schwimmbeine mit 3gldr. Exp. und Enp. P_5 2gldr.; das Grundgl. ist jedoch mehr oder weniger mit dem 5. Thoraxsegm. verschmolzen und mit 1 Borste an der distalen Lateralecke versehen; das Endgl. entspringt mit schmaler Basis und verbreitert sich distalwärts stark und ist mit 4 (beim ♂ von *H. aequoreus* und *H. thermophilus* mit 5) Anhängen bewehrt (Fig. 9).

5 Arten, davon 1 im Süßwasser.

Typus: *H. aequoreus* (S. Fisch.)

Übersicht der Arten:

1 { Von den beiden Enddornen des $Enp._4$ ist der mediale doppelt so lang wie der laterale . . . . 3. **H. sinensis**
Der mediale Enddorn ist weniger als doppelt so lang wie der laterale — 2

2 { Am Endgl. von P_5 ♀ sind alle 4 Anhänge dünn, unter sich etwa gleich stark . . . . 5. **H. tenuispina**
3 Anhänge sind kräftige Dornen, der 4. eine Borste — 3

3 { Ein Furcalast ist $1^1/_2$—2mal so lang wie breit — 4
Ein Furcalast ist kaum so lang wie breit . . . . 2. **H. propinquus**

4 { Endgl. des $Enp._4$ 2mal so lang wie breit . . . . 1. **H. aequoreus**
Endgl. des $Enp._4$ $1^1/_2$mal so lang wie breit . . . . 4. **H. thermophilus**

1. **H. aequoreus** (S. Fisch.) ?1853 *Cyclops magniceps*, Lilljeborg, Clad. Ostr. Cop., p. 204 t. 22 f. 1 | 1860 *C. aequoreus*, S. Fischer in: Abh. Bayer. Ak., *v.* 8 part 3 p. 654 t. 20 f. 26—29 | 1872 *C. christianensis*, A. Boeck in: Forh. Selsk. Christian., (for 1871) p. 43 | 1892 *C. aequoreus*, Canu in: Trav. Wimereux, *v.* 6 p. 184 t. 3 f. 1—10 | 1893 *C. (Hemicyclops) a.*, C. Claus in: Arb. Inst. Wien, *v.* 10 p. 348 t. 3 f. 11—14 | 1902 *Cyclops eboracensis*, G. S. Brady in: Nat. Hist. Tr. Northumb., *v.* 14 p. 56 t. 1 f. 12—14 | 1913 *Halicyclops magniceps*, G. O. Sars, Crust. Norway, *v.* 6 p. 29 t. 15 | 1927 *Herouardia paradoxa* und *H. p. heterogenes* (part.), Labbé in: Arch. Zool. expér., *v.* 66 p. 192, 197 f. 161—176 | 1928 *Halicyclops aequoreus*, F. Kiefer in: Zool. Anz., *v.* 75 p. 219.

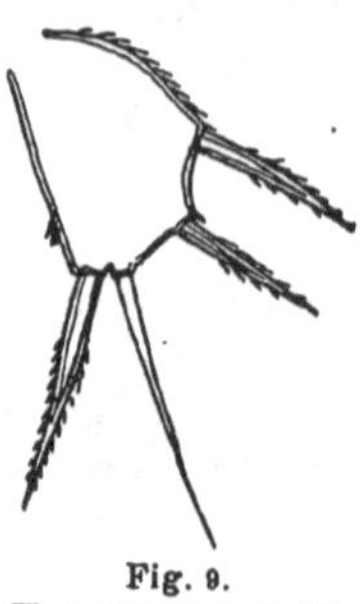

Fig. 9. H. aequoreus ♀, P_5 (Orig.)

Vorderkörper breit eiförmig. Genitalsegm. breit, nach hinten nur wenig verschmälert. Furcaläste etwa doppelt so lang wie breit. Seitenborste ungefähr in der Mitte des Lateralrandes eingelenkt. Medialste Endborste kürzer als die lateralste. Vorderantennen kurz, 6gldr., Hinterantennen 3gldr. Am Endgl. von $Enp._4$ ist der mediale Enddorn $^3/_4$mal so lang wie der laterale. Grundgl. von P_5 teilweise mit dem 5. Thoraxsegm. verschmolzen; Endgl. breit-blattförmig, beim ♀ mit 3 kürzeren, kräftigen Dornen und 1 längeren, unbefiederten Borste versehen (Fig. 9), beim ♂ mit 3 Dornen und 2 Borsten. Eierballen dem Abd. anliegend, länglich. Rec. sem. noch nicht beschrieben. — L. ♀ 0,61—0,85 mm, ♂ kleiner.

Meer- und Brackwasser, litoral. Deutschland, Schweden, Norwegen, Britische Inseln, Belgien, Frankreich, Dalmatien, Ägypten, salzhaltige Binnengewässer Algiers, Kaspi- und Aralsee; 1 ♂ in einer Süßwasserlagune im Gebiet des Suezkanals.

2. **H. propinquus** O. Sars ?1883 *Cyclops aequoreus*, G. M. Thomson in: Tr. N. Zealand Inst., *v.* 15 p. 97 t. 11 f. 16—18 | 1905 *Halicyclops propinquus*, G. O. Sars in: Zool. Jahrb., Syst. *v.* 21 p. 395 t. 18 f. 135—149.

Dem *H. aequoreus* (nr. 1) sehr ähnlich. Die Furcaläste sind sehr kurz, kaum so lang wie breit; die Seitenborste sitzt etwas oberhalb der Mitte des

Lateralrandes. Die Schwimmfüße sind gedrungen; die Dornen sind kräftig, lanzettförmig, mit breiten gezähnten Säumen versehen; am $Enp._4$ ist der laterale Enddorn nur ein wenig kürzer als der mediale. Das Grundgl. des P_5 ist nahezu ganz mit dem 5. Thoraxsegm. verschmolzen. Form und Anzahl der Anhänge des Endgl. mit dem des *H. aequoreus* übereinstimmend; die Dornen sind so beschaffen wie die an den Schwimmfüßen. Eierballen dem Abd. anliegend, Rec. sem. unbekannt. — L. ♀ 0,64 mm, ♂ 0,47 mm.

Südsee, (Brackwasser der Chatham-Inseln, Neuseeland?)

3. **H. sinensis** Kiefer 1913 *Cyclops (H.) aequoreus?*, Burckhardt in: Zool. Jahrb., Syst. *v.* 34 p. 449 t. 17S f. 1—9, t. 17T f. 1—5 | 1928 *Halicyclops sinensis*, F. Kiefer in: Zool. Anz., *v.* 75 p. 220.

Dem *H. aequoreus* (nr. 1) sehr nahe stehend. Abd. sehr breit, nach hinten kaum verschmälert. Furcaläste nur so lang wie breit. Seitenborste sehr weit distal eingelenkt und dorsal verlagert; medialste Endborste kürzer als die lateralste. Vorderantennen sehr kurz und dick, 6gldr.; Hinterantennen 3gldr. Gl. der Schwimmfußäste kurz. Medialer Enddorn am $Enp._4$ doppelt so lang wie der laterale. P_5 dem des *H. aequoreus* annähernd gleich. Rec. sem. dem von *Paracyclops fimbriatus* (p. 41) ähnlich (?). Eierballen langgestreckt, dem Abd. eng anliegend. ♂ unbekannt. — L. ♀ 0,7—0,8 mm.

China (Süßwasser der Flüsse Sutschau und Jangtsekiang).

4. **H. thermophilus** Kiefer 1925 *H. sp.*, R. Menzel in: Treubia, *v.* 6 p. 452 | 1929 *H. thermophilus*, F. Kiefer in: Zool. Anz., *v.* 84 p. 46 f. 1—3.

Dem *H. sinensis* (nr. 3) sehr ähnlich. Furcaläste etwa $1^1/_2$ mal so lang wie breit; lateralste Endborste mehr als doppelt so lang wie die medialste. Das Endgl. des $Enp._4$ ist $1^1/_2$ mal so lang wie breit, seine Anhänge sind sämtlich dornförmig, der distale des Medialrandes länger als der mediale Enddorn; dieser ist länger als das Gl., aber weniger als doppelt so lang wie der laterale Enddorn. P_5 ♀ dem des ♀ von *H. sinensis* ähnlich. P_5 ♂ schlank, mit 5 Anhängen versehen (3 Dornen und 2 Borsten). Rec. sem. noch unbekannt. — L. ♀ 0,48—0,52 mm, ♂ 0,35 mm.

Lebt in 45° C. heißen, salzhaltigen Quellen.

Java (Koeripan).

5. **H. tenuispina** Sewell 1924 *H. t.*, Sewell in: Mem. Ind. Mus., *v.* 5 p. 796 t. 47 f. 3.

Dem *H. aequoreus* (nr. 1) sehr ähnlich. Genitalsegm. etwas oberhalb der Mitte jederseits stärker verbreitert. Furcaläste $1^1/_2$ mal so lang wie breit. Vorderantennen 6-, Hinterantennen 3gldr. Dornen der Schwimmfußäste „keulenförmig“ (mit abgerundeten Enden). Von den beiden Enddornen des $Enp._4$ ist der laterale, stumpfe nur wenig kürzer als der mediale, spitzige. Grundgl. von P_5 sehr breit, das Endgl. distalwärts weniger verbreitert als bei *H. aequoreus*. Die 4 Anhänge sind wenig differenziert, alle ziemlich gleich lang und borstenartig. Befiederung? — Rec. sem. nicht beschrieben. Eierballen? ♂ unbekannt. — L. ♀ 0,69 mm.

Vorderindien (Brackwasser des Chilka-Sees).

3. Gen. **Neocyclops** R. Gurn.

1927 *N.*, R. Gurney in: Tr. zool. Soc. London, *v.* 22 p. 460.

Im allgemeinen Aussehen *Cyclops*-ähnlich. Vorderantennen ziemlich schlank, kürzer als der Cephalothorax. Hinterantennen 4gldr. Mandibel ohne

Spur eines Tasters. 1. und 2. Maxille wie bei *Halicyclops*. Maxilliped 4gldr., kräftig, ähnlich wie bei *Cyclops*. P_1—P_4 wie bei *Halicyclops* mit 3gldr. Enp. und Exp., Mittelgl. des $Enp._1$ mit 2 Borsten. P_5 dreigldr., Grundgl. kurz, unbewehrt, Mittelgl. mit 1 Borste an der distalen Lateralecke, Endgl. mit 4 Anhängen.

Brackwasser(?).

1 Art.

1. **N. salinarum** R. Gurn. 1927 *Halicyclops s.*, R. Gurney in: Tr. zool. Soc London, *v.* 22 p. 174 f. 29—32 | 1927 *Neocyclops s.*, R. Gurney, ibid., p. 460 f. 110b—f.

Furcaläste mehr als 2mal so lang wie breit; die Seitenborste inseriert im distalen Drittel des Lateralrandes; medialste und lateralste Endborste gleich lang. Vorderantennen halb so lang wie der Cephalothorax, 8gldr., schlank. 2. Antennen 4gldr., da die beiden Endgl. nicht verschmolzen sind. P_5 3gldr., Endgl. schlank, an der Basis mit einem Knick nach innen, am Ende wenig verbreitert. Bewehrung aus 3 kräftigen Dornen und 1 Borste bestehend. Rec. sem. Fig. 10. Spermatophoren flaschenförmig. Eierballen und ♂ unbekannt. — L. ♀ 0,76 mm.

Fig. 10. N. salinarum ♀. Rec. sem. und Spermatophoren (nach Gurney).

Salzwasser im Gebiet des Suez-Kanals.

B. Subfam. **Eucyclopinae**

1927 *E.*, F. Kiefer in: Zool. Anz., *v.* 73 p. 303.

Letztes Thoraxsegm. jederseits mit einem Besatz längerer oder kürzerer Borsten, dieser Borstenbesatz sehr selten fehlend. Furcaläste meist mit einer Dörnchenreihe, die längs des Lateralrandes oder schräg über die Rückenseite hinzieht. Schwimmfußäste stets 3gldr. P_5 2- oder 1gldr., am Ende mit 3 Anhängen bewehrt (Fig. 11a, 12a, 14, 15), (bei einer Art nur 2).

Süßwasser; kleinere Gewässer, in größeren nur litoral, nie euplanktisch.

4 Gattungen mit 44 sicheren Arten.

Übersicht der Gattungen:

1 { P_5 meist 2gldr., Endgl. mit 2 Stacheln und 1 Borste bewehrt . . . . 4. Gen. **Macrocyclops**
P_5 stets 1gldr. — 2

2 { P_5 hat das in Fig. 12a dargestellte Aussehen; Vorderantennen 12gldr. (nur bei 2 Arten 11gldr.) . . . . 5. Gen. **Eucyclops**
P_5 hat das in Fig. 14 dargestellte Aussehen; Vorderantennen 12-, 11-, 8- oder 6gldr., sehr kurz . . . . 6. Gen. **Paracyclops**
P_5 hat das in Fig. 15 dargestellte Aussehen . . . . . 7. Gen. **Ectocyclops**

4. Gen. **Macrocyclops** Cls.

1820 *Monoculus* (part.), Jurine, Hist. Monocles, p. 44 | 1892 *Cyclops* (part.), Schmeil in: Bibl. zool., pars 11 p. 15 | 1893 *C. (Macrocyclops)*, C. Claus in: Anz. Ak. Wien, nr. 9 p. 82 | 1897 *Homocyclops*, E. B. Forbes in: Bull. Illinois Laborat., *v.* 5 p. 49 | 1914 *Pachycyclops*, G. O. Sars, Crust. Norway, *v.* 6 p. 64 | 1927 *Macrocyclops*, F. Kiefer in: Zool. Anz., *v.* 73 p. 303 | 1928 *M.*, F. Kiefer in: Zool. Jahrb., Syst. *v.* 54 p. 540.

Körper kräftig gebaut. Gensegm. nach hinten allmählich enger werdend. Analoperculum unscheinbar. Furcaläste kurz; medialste und lateralste Endborste verhältnismäßig lang. 1. Antennen 17gldr., die 3 letzten Gl. mit hyalinem Hautsaum. Äste der Schwimmbeine 3gldr. P_5 2gldr., bei 1 Art 1gldr., am Ende mit 2 Stacheln und einer dazwischen stehenden Fiederborste bewehrt.

Litoral.

4 Arten, davon 1 mit 1 Unterart.

Typus: *M. fuscus* (Jur.)

Übersicht der Arten:

1 { P_5 2gldr. — 2
  { P_5 1gldr. . . . . 4. **M. ater**

2 { Furcaläste medial behaart — 3
  { Furcaläste medial kahl . . . . 3. **M. albidus**

3 { Behaarung dicht, Hyalinmembran des Endgl. der 1. Antennen proximal grob gezähnt . . . . 1. **M. fuscus**
  { Behaarung spärlich, Hyalinmembran glatt oder höchstens fein gezähnelt . . . . 2. **M. distinctus**

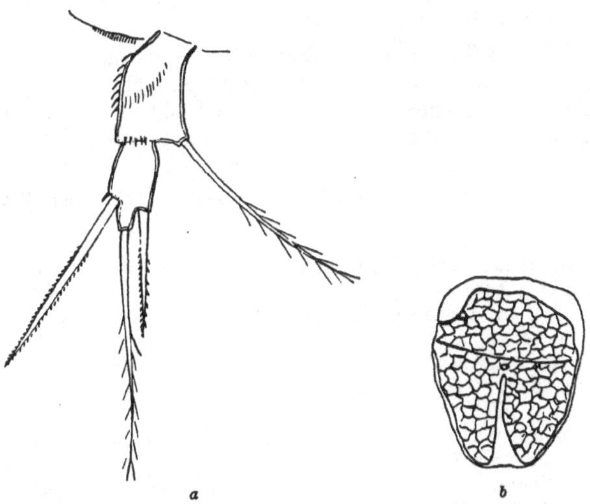

a b

Fig. 11. **M. fuscus** ♀. *a)* P_5, *b)* Rec. sem. (Orig.).

1. **M. fuscus** (Jur.) 1820 *Monoculus quadricornis f.*, Jurine, Hist. Monocles, p. 47 t. 2 f. 2 | 1838 *Cyclops signatus*, C. L. Koch, C. M. A., fasc. 21 nr. 8 | 1857 *C. coronatus*, C. Claus in: Arch. Naturg., *v.* 23ı p. 29 t. 1 f. 5 t. 2 f. 1—11 | ?1882 *C. hyalinus* (non Rehberg), G. Joseph in: Berlin. ent. Z., *v.* 26 p. 5 | 1883 *C. signatus* var. *fasciacornis*, Cragin in: Tr. Kansas Ac., *v.* 8 p. 67 t. 2 f. 15 | 1884 *C. tenuicornis* (part.), C. L. Herrick in: Rep. geol. Surv. Minnesota, *v.* 12 p. 153 t. Q[4] f. 8—11, 21 (= *C. „signatus*) | 1887 *C. palustris* (juv.), Sowinsky in: Mém. Soc. Kiew, *v.* 8 fasc. 2 Protok. p. 52 t. 8 f. 11 | ?1889 *C. josephi*, Moniez in: Rev. biol. Nord France, *v.* 1 p. 176 nota | 1892 *C. fuscus*, Schmeil in: Bibl. zool., pars 11 p. 123 t. 1 f. 1—7b t. 4 f. 16 | 1893 *C. (Makrocyclops) coronatus*, C. Claus in: Arb. Inst. Wien, *v.* 10 p. 347 t. 1 f. 5 t. 2 f. 2 t. 4 f. 7, 9 t. 7 f. 1—3, 12 | 1895 *C. signatus* var. *coronatus*, C. L. Herrick in: Rep. geol. Surv. Minnesota, Zool. ser. 2 part 1 p. 106 t. 15 f. 1—4 | 1914 *Pachycyclops signatus*, G. O. Sars, Crust. Norway, *v.* 6 p. 65 t. 40.

Vorderkörper nach hinten stärker verschmälert als nach vorn. Furcaläste medial dicht behaart. Die 1. Antennen reichen etwa zum Hinterrand des 3. Thoraxsegm., proximale Hälfte der Membran des Endgl. grob gezähnt, distale Hälfte fein gezähnelt. Das 3. Gl. der 2. Antennen ist lang gestreckt.

Die beiden Medial- und die Lateralrandborste am Endgl. des $Enp._4$ gut entwickelt, von den beiden Enddornen dieses Gl. ist der mediale bedeutend kürzer als der laterale. P_5: Grundgl. länger als breit, Medialrand behaart, 1 Borste an der distalen Lateralecke; 2. Gl. schlank, mit 2 stachelförmigen Dornen und 1 dazwischen stehenden Fiederborste bewehrt (Fig. 11a). Rec. sem. mit weit nach hinten sich erstreckendem, zweigespaltenem Hauptteil (Fig. 11b). Eierballen dunkel gefärbt, sie liegen dem Abd. dicht an. — L. ♀ 1,8—4 mm. ♂ 1,5—2,5 mm.

Europa, Nordafrika, Mittel- und Ostasien, Nordamerika.

2. **M. distinctus** (J. Rich.) 1887 *Cyclops tenuicornis* var. *distincta*, J. Richard in: Bull. Soc. zool. France, *v.* 12 p. 162 | 1890 *C. gracilicornis*, Lande in: Pam. Fizyjogr., *v.* 10 p. 345 t. 15 f. 13—20, t. 16 f. 21 | 1891 *C. annulicornis* (non C. L. Koch), J. Richard in: Ann. Sci. nat., ser. 7 *v.* 12 p. 225 | 1901 *C. distinctus*, Lilljeborg in: Svenska Ak. Handl., *v.* 35 nr. 4 p. 47 t. 3 f. 16—20 | 1903 *C. bistriatus*, Scourfield in: J. Quekett Club, ser. 2 *v.* 8 p. 535 | 1913 *C. distinctus*, Neubaur in: Zool. Jahrb., Syst. *v.* 34 p. 117 t. 6 f. 2, 5; Textf. C, F, K, N, O, R, T, B^1, D^1, F^1, J^1 | 1914 *Pachycyclops bistriatus*, G. O. Sars, Crust. Norway, *v.* 6 p. 67 t. 41.

Dem *M. fuscus* (nr. 1) sehr ähnlich; aber: Furcaläste medial nur spärlich behaart. Membran des Endgl. der 1. Antennen nicht grob gezähnt, sondern höchstens sehr fein gezähnelt. Enddornen am Endgl. des $Enp._4$ stark gespreizt, verhältnismäßig kürzer als bei *M. fuscus*. Rec. sem. dem des *M. fuscus* ähnlich. — L. ♀ rund 2,20 mm, ♂ kleiner.

Europa (z. B. Deutschland, England, Norwegen, Schweden, Frankreich, Polen, Rußland), Neu-Seeland.

3. **M. albidus** (Jur.) 1820 *Cyclops quadricornis a.*, Jurine, Hist. Monocles, p. 44 t. 2 f. 10, 11 | 1838 *C. annulicornis*, C. L. Koch, C. M. A., fasc. 21 nr. 6 | 1857 *C. tenuicornis*, C. Claus in: Arch. Naturg., *v.* 23I p. 31 t. 3 f. 1—11 | 1857 *C. pennatus*, C. Claus, ibid., p. 35 t. 3 f. 12—17 | 1874 *C. clausi* (nec Lubbock nec C. Heller), Poggenpol in: Nachr. Ges. Moskau, *v.* 10 pars 2 p. 70 t. 15 f. 4—14 | 1874 *C. latissimus*, Poggenpol, ibid., p. 71 t. 15 f. 16, 17 t. 16 f. 1, 10 | 1875 *C. signatus* (non C. L. Koch), Uljanin, ibid., *v.* 11 pars 6 p. 29 t. 9 f. 6—11 t. 11 f. 8 | ? 1882 *C. hyalinus* (non Rehberg), G. Joseph in: Berlin. ent. Z., *v.* 26 p. 5 | 1887 *C. korostyschewi* (juv.), Sowinsky in: Mém. Soc. Kiew, *v.* 8 fasc. 2 Protok. p. 51 t. 8 f. 7 | ? 1889 *C. josephi*, Moniez in: Rev. biol. Nord France, *v.* 1 p. 176 nota | 1891 *C. gyrinus*, S. A. Forbes in: Rep. U. S. Fish. Comm. for 1887, p. 707 t. 2 f. 9—12 t. 3 f. 14 | 1892 *C. albidus*, Schmeil in: Bibl. zool., pars 11 p. 128 t. 1 f. 8—14b t. 4 f. 15 | 1893 *C. (Makrocyclops) tenuicornis*, C. Claus in: Arb. Inst. Wien, *v.* 10 p. 347 t. 2 f. 1 | 1893 *C. signatus* (non C. L. Koch), C. D. Marsh in: Tr. Wisconsin Ac., *v.* 9 p. 211 t. 5 f. 7—9 | 1895 *C. s.* var. *tenuicornis*, C. L. Herrick in: Rep. geol. Surv. Minnesota, Zool. ser. 2 part 1 p. 106 t. 15 f. 5—7 t. 20 f. 1—7 t. 3 f. 1, 2 | 1909 *C. s.* var. *annulicornis*, Byrnes in: Cold Spring Harb. Monogr., nr. 7 p. 10 t. 4 f. 1—6 | 1909 *C. virido-signatus*, Byrnes, ibid., p. 23 t. 9 f. 1—8 | 1914 *Pachycyclops annulicornis*, G. O. Sars, Crust. Norway, *v.* 6 p. 68 t. 42.

Vorderkörper nach vorn und nach hinten gleichmäßig verschmälert. Furcaläste medial unbehaart. Hyaliner Hautsaum des letzten Gl. der 1. Antennen ganzrandig oder höchstens sehr fein gezähnelt. Das 3. Gl. der 2. Antennen ist kurz, etwa glockenförmig. Enddornen am Endgl. des $Enp._4$ etwa wie bei *M. distinctus* (nr. 2); am Medialrand dieses Gl. ist die distale Borste stark verkümmert. P_5 wie bei *M. fuscus* (nr. 1). Rec. sem. mit kurzem hinterem Abschnitt. Die Eierballen werden stark gespreizt getragen. — L. ♀ 1,8 bis 2,5 mm, ♂ etwa 1,3 mm.

Europa, Nord- (und Süd?-) Amerika, Afrika, Asien, Australien.

1 Unterart.

3a. **M. a. oligolasius** Kiefer 1909 *Cyclops a.*, G. O. Sars in: P. zool. Soc. London, p. 53 t. 15 f. 128—130 | 1928 *Macrocyclops a. oligolasius*, F. Kiefer in: Zool. Anz., *v.* 76 p. 14 f. 26.

Das distale Medialrandbörstchen am Endgl. des Enp.$_4$ fehlt; an seiner Stelle sind nur noch 2—3 winzige Dörnchen vorhanden.

Südafrika, Ostafrika (Nyassa-See).

4. **M. ater** (Herrick) 1882 *Cyclops a.*, C. L. Herrick in: Rep. geol. Surv. Minnesota, *v.* 10 p. 228 t. 3 f. 9—12 | 1897 *C. (Homocyclops) a.*, E. B. Forbes in: Bull. Illinois Laborat., *v.* 5 p. 49 t. 14, t. 15 f. 1—3 | 1909 *C. a.*, C. D. Marsh in: Tr. Wisconsin Ac., *v.* 16 p. 1071 t. 72 f. 1—6, 9.

Vorderkörper sehr breit; Segm. an den hinteren Ecken vorgezogen. Furcaläste gespreizt, etwas mehr als doppelt so lang wie breit; Lateralborste ganz nahe am Ende stehend. Auch medialste und lateralste Endborste ziemlich gut entwickelt, wenig längenverschieden. 1. Antennen des ♀ 17gldr., so lang wie der Cephalothorax oder etwas länger, die beiden (?) letzten Gl. mit ganzrandiger, hyaliner Membran. Bewehrung vom Endgl. des Enp$_4$. aus 2 nahezu gleich langen, gespreizten Dornen bestehend. Dornformel 3·4·4·3. P_5 1 gldr. Rec. sem. dem von *M. fuscus* ähnlich. — L. ♀ 1,77—2,88 mm.

Nordamerika.

5. Gen. **Eucyclops** Cls.

1863 *Cyclops* (part.), C. Claus, Freileb. Cop., p. 96 | 1892 *C.* (part.), Schmeil in: Bibl. zool., pars 11 p. 15 | 1893 *C. (Eucyclops)*, C. Claus in: Anz. Ak. Wien, nr. 9 p. 82 1914 *Leptocyclops*, G. O. Sars, Crust. Norway, *v.* 6 p. 70 | 1927 *Eucyclops*, F. Kiefer in: Zool. Anz., *v.* 73 p. 303 | 1927 *Afrocyclops*, G. O. Sars in: Ann. S. Afr. Mus., *v.* 25 p. 121 1928 *Eucyclops*, F. Kiefer in: Zool. Jahrb., Syst. *v.* 54 p. 541.

Körper verhältnismäßig schlank. Gensegm. hinter der Mitte plötzlich stärker verengt. Analoperculum unscheinbar. Furcaläste kurz bis sehr lang, ihr Lateralrand allermeist mit einer Längsreihe von Dörnchen (= Säge); medialste und lateralste Endborste sehr kurz, die mittleren meist heteronom befiedert. 1. Antennen 12- oder 11gldr., die 3 Endgl. mit schmalem Hautsaum. Medialer Enddorn am Endgl. des Enp.$_4$ länger als der laterale. P_5 1gldr., mit 3 Anhängen: 1 Dorn medial und je 1 Fiederborste an der Spitze und am Lateralrand; bei 1 Art mit nur 2 Anhängen *(E. teras)*. Rec. sem. meist aus 2 querliegenden Abschnitten bestehend (Fig. 12b).

In Gewässern aller Art, aber nie euplanktisch.

2 Untergattungen mit 28 Arten[1]).

Übersicht der Untergattungen und Arten:

1	Rec. sem. hat die in Fig. 12b dargestellte Form	a) Subgen. **Eucyclops** s. str. . . . 2
	Rec. sem. hat die in Fig. 13 dargestellte Form	b) Subgen. **Tropocyclops**
2	P_5 mit 3 Anhängen — 3	
	P_5 mit nur 2 Anhängen (1 Dorn und 1 Borste) . 27. **E. teras**	
3	1. Antennen 12gldr. — 4	
	1. Antennen 11gldr. — 27	
4	Membran an den Endgl. der ♀ Vorderantennen gezähnelt[2]) — 5	
	Diese Membran ganzrandig (oder fehlend?) — 7	

[1]) Dazu kommen 2 weitere Arten (*E. elegans* Herrick — vgl. Fußnote p. 31 und *E. cognatus* Kiefer — vgl. „Nachtrag").

[2]) Da über den feineren Bau der fraglichen Membran bei verschiedenen Arten nicht durchaus zuverlässige Angaben vorliegen, wolle man auch bei Beobachtung einer „gezähnelten Membran" noch weiter unter den folgenden Arten suchen.

5	Membran des Endgl. proximal mit 10—12 groben Zähnchen	13. **E. Lilljeborgi**
	Die fragliche Stelle sehr fein gezähnelt — **6**	
6	Furcaläste etwa 8 mal so lang wie breit	14. **E. macruroides**
	Furcaläste nur rund 4 mal so lang wie breit . . .	12. **E. euacanthus**[1])
7	Medialrand der Furcaläste behaart — **8**	
	Medialrand kahl — **9**	
8	Der ganze Medialrand behaart; Säge des Furca-Lateralrandes lang; Furcaläste rund 6 mal so lang wie breit	7. **E. ciliatus**
	Behaarung nur im proximalen Teil; Säge kurz; Furcaläste nur etwa 4 mal so lang wie breit .	8. **E. rarispinus**
9	Lateralrand der Furcaläste mit Dörnchenreihe (-Säge) — **10**	
	Dieser Lateralrand ohne Säge — **20**	
10	Die Säge zieht über den größten Teil des Randes; die proximalen Sägezähnchen sind meist kleiner und sitzen unterseits — **11**	
	Die Säge ist sehr kurz — **17**	
11	Die Sägezähnchen sind lang, mehr borstenförmig und stehen weit auseinander	4. **E. Delachauxi**
	Die Zähnchen sitzen eng nebeneinander — **12**	
12	Furcaläste gestreckt, bis 7 mal so lang wie breit — **13**	
	Furcaläste mittellang (bis etwa 5 mal so lang wie breit) — **14**	
13	Medialer Dorn des 5. Füßchens sehr kurz; Säge der Furca kräftig	6. **E. semiserratus**[2])
	Dieser Dorn normal lang; Säge der Furca sehr fein .	3. **E. speratus**
14	Der Dorn medial am 5. Füßchen ist kaum stärker als eine der beiden Borsten	9. **E. van Douwii**
	Der fragliche Dorn ist an seinem Grunde 2—3 mal so breit wie eine der Borsten — **15**	
15	Die Sägezähnchen nahe der furcalen Seitenrandborste sind auffallend länger als die proximalen .	10. **E. fragilis**
	Die distalen Sägezähnchen sind nicht oder nur wenig stärker als die proximalen — **16**	
16	Von den 3 Anhängen der ♂ Gen.-Klappen ist der mediale Dorn so lang oder noch länger als das 2. Abdsegm.	1. **E. serrulatus**
	Der fragliche Dorn ist kürzer als das 2. Abdsegm. .	2. **E. agiloides**
17	Furcaläste sehr lang; Sägezähnchen schlank — **18**	
	Furcaläste kurz (höchstens etwa 4 mal so lang wie breit) — **19**	
18	Furcaläste rund 10 mal so lang wie breit; ihre mediale Endborste fast doppelt so lang wie die laterale	15. **E. macrurus**
	Furcaläste nur rund 8 mal so lang wie breit; mediale und laterale Endborste etwa längengleich . .	16. **E. Neumani**
19	Sägezähnchen der Furca lang, kräftig	11. **E. permixtus**[3])
	Sägezähnchen sehr fein	5. **E. hadjebensis**
20	Dorn medial am 5. Füßchen stark verkürzt — **21**	
	Dieser Dorn normal lang — **23**	

[1]) Vgl. auch *E. cognatus* im „Nachtrag" (p. 89).

[2]) Vgl. auch *E. elegans* (Herrick) — Fußnote p. 31.

[3]) Vgl. auch *E. Delachauxi* (nr. 4).

21 { Furcaläste etwa 7mal so lang wie breit — 22
Furcaläste über 10mal so lang wie breit . . . . 21. **E. angustus**

22 { Dorn des 5. Füßchens beträchtlich kürzer als das Gl. 19. **E. laevimargo**
Dieser Dorn nahezu so lang wie das Gl. . . . . 20. **E. madagascariensis**

23 { Furcaläste mittellang bis sehr lang — 24
Furcaläste sehr kurz . . . . 24. **E. indicus**

24 { Seitenrandborste am Endgl. der ♀ Vorderantennen distal von der Mitte entspringend . . . . . . 22. **E. Gibsoni**
Diese Borste proximal von der Mitte entspringend — 25

25 { Medialste Furcalendborste nahezu doppelt so lang wie die lateralste . . . . 17. **E. Graeteri**
Diese Borste nicht oder nur wenig länger als die lateralste — 26

26 { Vorderantennen des ♀ länger als der Cephalothorax . 18. **E. sublaevis**
Antennen kürzer als der Cephalothorax . . . . . 23. **E. dubius**

27 { Dorn des 5. Füßchens dünn, wenig länger als das Gl. . 25. **E. Stuhlmanni**
Dieser Dorn kräftig, länger . . . . 26. **E. echinatus**

a) Subgen. **Eucyclops** s. str.

1927 Subgen. *E.*, F. Kiefer in: Zool. Anz., *v.* 73 p. 303 | 1928 Subgen. *E.*, F. Kiefer in: Zool. Jahrb., Syst. *v.* 54 p. 541.

Furcaläste allermeist mit einer „Säge"; die Enddornen am Endgl. des $Enp._4$ verhältnismäßig kurz; Rec. sem. aus 2 quergelagerten, durch einen tiefen Einschnitt jederseits voneinander getrennten Abschnitten bestehend (Fig. 12b).

27 Arten.

Typus: *E. (E.) serrulatus* (S. Fisch.)

1. **E. (E.) serrulatus** (S. Fisch.) 1851 *Cyclops s.*, S. Fischer in: Bull. Soc. Moscou, *v.* 24 pars 2 p. 423 t. 10 f. 22, 23, 26—31 | 1878 *C. s.* var. *montana*, G. S. Brady, Cop. Brit. Isl., *v.* 1 p. 109 t. 22 f. 1—14 | 1879 *C. novae-zealandiae*, G. M. Thomson in: Tr. N. Zealand Inst., *v.* 11 p. 258 t. 11 f. D 2a—l | 1880 *C. agilis*, H. Rehberg in: Abh. Ver. Bremen, *v.* 6 p. 545 | ? 1882 *C. anophthalmus*, G. Joseph in: Berlin. ent. Z., *v.* 26 p. 6 | 1883 *C. pectinifer*, Cragin in: Tr. Kansas Ac., *v.* 8 p. 71 t. 4 f. 1—7 | ? 1884 *C. serrulatus* var. *elegans*[1]), C. L. Herrick in: Rep. geol. Surv. Minnesota, *v.* 12 p. 157 t. O f. 17—19, t. Q^3 f. 10 | 1888 *C. s. forma typica* + *forma brevicaudata*, Sowinsky in: Mém. Soc. Kiew, *v.* 9 p. 233 Anm. 2 | 1892 *C. s.* (part.), Schmeil in: Bibl. zool., pars 11 p. 141 t. 5 f. 6—12 | 1893 *Eucyclops s.*, C. Claus in: Anz. Ak. Wien, nr. 9 p. 82 | 1901 *Cyclops varius* var. *proximus* + var. *brachyurus*, Lilljeborg in: Svenska Ak. Handl., *v.* 35 nr. 4 p. 89, 90 t. 4 f. 1—9 | 1914 *Leptocyclops agilis*, G. O. Sars, Crust. Norway, *v.* 6 p. 71 t. 43 | 1927 *Cyclops serrulatoïdes*, Labbé in: Arch. Zool. expér., *v.* 66 p. 200 f. 184—186 | ? 1927 *C. silvestrii*[2]), Brian in: Boll. Soc. ent. Ital., *v.* 59 p. 131.

---

[1]) Die Herricksche Form „*elegans*" muß auf Grund von neueren Untersuchungen als selbständige Art „*Eucyclops elegans* (Herrick)" angesehen werden. Sie unterscheidet sich von *E. serrulatus* vor allem durch die schlanken Furcaläste, die 7—8mal so lang sind wie breit. Die 3 Endgl. der weiblichen, bis etwa zur Mitte des 3. Thoraxsegm. reichenden Vorderantennen besitzen je eine ganzrandige Hyalinmembran; dadurch unterscheidet sich *E. elegans* wieder von dem sonst ähnlichen *E. macruroides* (nr. 14). Vgl. F. Kiefer in: Zool. Anz., *v.* 80 p. 305 f. 1—3. — L. ♀ 1,44 mm. Nordamerika.

[2]) „*Cyclops silvestrii*" Brian kann wegen der Kürze seiner Furcaläste (3mal so lang wie breit) vielleicht als eine besondere Form (Art?) betrachtet werden. Eine eingehende Beschreibung des Tierchens steht indes noch aus. — Argentinien.

Mäßig schlank. 5. Thoraxsegm. jederseits mit Borstenbesatz. Gensegm. vorn verbreitert, dahinter plötzlich stark verengt. Furcaläste 4—5mal so lang wie breit, etwas gespreizt und oft leicht gekrümmt. Lateralborste nahe dem Ende, klein; darüber am Rande entlang eine Reihe kleiner Dornen bis oder nahe bis zur Basis der Äste („Säge"). Medialste Endborste nur wenig oder nicht länger als die lateralste dornartige; die 2 mittleren heteronom befiedert. Die 1. Antennen ♀ 12gldr., zur Mitte oder zum Hinterrand des

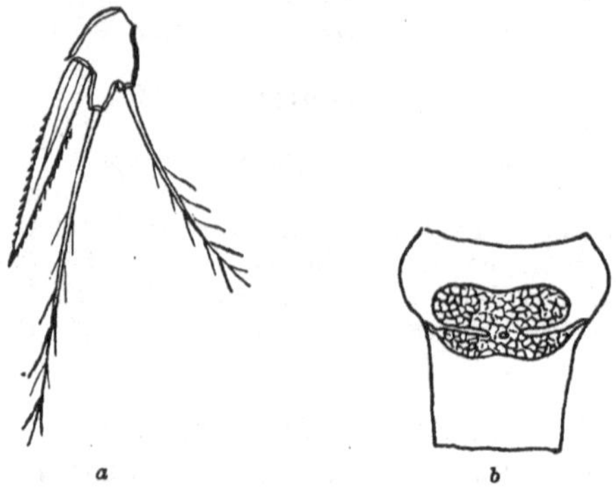

Fig. 12. **E. (E.) serrulatus** ♀. *a)* P_5, *b)* Rec. sem. (Orig.).

2. Thoraxsegm. reichend; die 3 Endgl. mit schmaler, ganzrandiger hyaliner Membran. Dornformel des Endgl. vom $Exp._1$—$Exp._4$ 3 • 4 • 4 • 3. Endgl. vom $Enp._4$ am Ende mit 1 längeren, gekrümmten Medial- und 1 kürzeren, geraden Lateraldorn. Bisweilen einzelne Borsten an den Endgl. des 4.—2. Beines dorn- oder stachelähnlich (forma *aculeata*). P_5: 3eckige Platte; lateral und am Ende auf einem kegelförmigen Fortsatz je 1 befiederte Borste, medial ein starker Dorn, der an der Basis 3 bis 4mal so stark ist wie eine der Borsten (Fig. 12a). Rec. sem. wie Fig. 12b. Eierballen länglich, abstehend. ♂ schlanker; Lateralrand der Furcaläste ohne „Säge". Genklappenbewehrung aus einem das 2. Abdsegm. an Länge übertreffenden Dorn und 2 kürzeren Borsten bestehend. Färbung meist rostrot bis gelbbraun, besonders das Gensegm. — L. ♀ 0,9—1,4 mm, ♂ etwas kleiner.

Kosmopolitische Verbreitung (doch ohne Zweifel Kollektivart).

2. **E. (E.) agiloides** (O. Sars) 1909 *Cyclops a.*, G. O. Sars in: P. zool. Soc. London, p. 59 t. 20 f. 183—188 | 1927 *Eucyclops a.*, F. Kiefer in: Faune Colon. Franç., *v.* 1 p. 545 f. 16—19.

Im allgemeinen Aussehen dem typischen *E. (E.) serrulatus* (nr. 1) sehr ähnlich. Die Furcaläste sind rund 5mal so lang wie breit; die Säge des Lateralrandes ist lang, sie besteht aus sehr feinen Dörnchen; die medialste Endborste ist 1½mal so lang wie die lateralste. Die 1. Antennen überragen ein wenig den Hinterrand des Cephalothorax; Hautsaum der Endgl. ganzrandig. Die Dornformel der Endgl. von $Exp._1$—$Exp._4$ ist 3 • 4 • 4 • 3. Der Dorn des P_5 ist am Grunde etwa doppelt so breit wie eine der beiden Borsten. Rec. sem. scheint dem des *E. (E.) serrulatus* zu entsprechen. Die 3 Anhänge an der Genklappe des ♂ (1 Dorn und 2 Borsten) sind kurz und unter sich etwa längengleich. — L. ♀ rund 0,9 mm, ♂ etwas kleiner.

Afrika (Algier-Tunis, Sudan, Viktoria-See, Tanganjika See, Kamerun).

3. **E. (E.) speratus** (Lillj.) 1901 *Cyclops varius* var. *s.*, Lilljeborg in: Svenska Ak. Handl., *v.* 35 nr. 4 p. 88 t. 5 f. 12—15 | 1914 *Leptocyclops s.*, G. O. Sars in: Crust. Norway, *v.* 6 p. 72 t. 44.

Dem *E. (E.) serrulatus* (nr. 1) sehr nahe stehend. Aber: Furcaläste parallel, etwa 6mal so lang wie breit; Sägezähnchen des Lateralrandes sehr fein, nur über den halben Rand sich erstreckend. Vorderrand des Rec. sem. konvex. ♂: medialer Genklappendorn kürzer als das 2. Abdsegm. — L. ♀ 1,2—1,7 mm.

Schweden, Norwegen, Großbritannien, Deutschland, Rußland, Polen; Südchina; Nordafrika.

4. **E. (E.) Delachauxi** (Kiefer) 1925 *Cyclops d.*, F. Kiefer in: Zool. Anz., *v.* 63 p. 46 f. 1—5 | 1926 *C. d.*, F. Kiefer in: Arch. Hydrob. Planktonk., *v.* 16 p. 494 f. 1—8.

Dem *E. (E.) serrulatus* (nr. 1) sehr nahe stehend. Aber: Letztes Abdsegm. merklich länger als das vorhergehende. Lateralrand der Furcaläste mit je einer Reihe von 4—10 schlanken, weit stehenden Stachelchen; Endborsten nicht heteronom befiedert. Die 1. Antennen nur wenig über den Hinterrand des Cephalothorax reichend. Lateraler Dorn am P_5 knapp doppelt so breit wie eine der Borsten. Anhänge der Genklappe des ♂ lang, die beiden Borsten fast so lang wie das 2. Abdsegm., der Dorn länger als dieses Segm. — L. ♀ 0,950 mm.

Peru (Huaron- und Naticocha-See; 5140 m über dem Meere).

5. **E. (E.) hadjebensis** (Kiefer) 1926 *Cyclops h.*, F. Kiefer in: Zool. Anz., *v.* 66 p. 266 | 1928 *Eucyclops h.*, F. Kiefer in: Bull. Soc. Maroc, *v.* 8 p. 98 f. 19—22.

Vom Aussehen eines kleinen *E. (E.) serrulatus*; Furcaläste 3mal so lang wie breit oder nur wenig länger, parallel; Lateralrand mit einer sehr kurzen Reihe winzigster Dörnchen; Vorderantennen kurz, 12gldr., nur bis zum Hinterrand des Cephalothorax reichend; die 3 letzten Gl. mit schmaler ganzrandiger Membran. Dorn medial am P_5 breit; Rec. sem. unbekannt; an den ♂ Genklappen ist der Dorn medial stark, messerklingenförmig und erreicht nur $^3/_4$ der L. des 2. Abdsegm. — L. ♀ 0,88—0,9 mm, ♂ 0,8 mm.

Nordafrika (Marokko — mittlerer Atlas).

6. **E. (E.) semiserratus** (O. Sars) 1909 *Cyclops s.*, G. O. Sars in: P. zool. Soc. London, p. 56 t. 18 f. 157—169.

Mäßig schlanke Art. Furcaläste etwas länger als die 3 letzten Abdsegm., parallel, am Ende verbreitert; Medialrand kahl, Lateralrand mit starker Säge; Terminalborsten homonom befiedert; die mediale mittlere sehr lang. Die 1. Antennen etwas über den Hinterrand des Cephalothorax reichend, die 3 letzten Gl. mit schmaler, ganzrandiger Membran. Dorn medial am P_5 sehr kurz. Rec. sem. und ♂ nicht beschrieben. — L. ♀ 0,86 mm.

Afrika (Tanganjika-See).

7. **E. (E.) ciliatus** (O. Sars) 1909 *Cyclops c.*, G. O. Sars in: P. zool. Soc. London, p. 60 t. 20 f. 193, 194.

Körper ziemlich schlank. Furcaläste mäßig lang, distalwärts etwas verbreitert, wenig gespreizt. Medialrand der ganzen Länge nach behaart, Lateralrand mit Säge, die bis nahe zur Furcalbasis reicht und aus ziemlich starken Dörnchen besteht. Medialste Endborste etwas länger als die lateralste; die beiden mittleren heteronom befiedert. Vorderantennen zum Ende des 1. Thoraxsegm. reichend, 12gldr.; hyaline Membran? Bewehrung des $Enp._4$? P_5 klein, mit kurzem Medialdorn. Rec. sem., Eierballen und ♂ unbekannt. — L. ♀ 0,80 mm.

Afrika (Tanganjika-See).

8. **E. (E.) rarispinus** (O. Sars) 1909 *Cyclops r.*, G. O. Sars in: P. zool. Soc. London, p. 58 t. 19 f. 181, 182.

Ziemlich gedrungene Form, Vorderkörper breit-oval; letztes Thoraxsegm. seitlich ziemlich verbreitert, jederseits mit feinem Borstenbesatz. Gensegm. kurz; Furcaläste so lang wie die 2 letzten Abdsegm., nahezu parallel, Medialrand in der proximalen Hälfte mit feinen Härchen, Lateralrand in der distalen Hälfte mit wenigen, kleinen Sägezähnchen. Medialste Endborste doppelt so lang wie die lateralste; die mittleren schwach heteronom befiedert. Die 1. Antennen 12gldr., nicht ganz zum Hinterrand des 2. Thoraxsegm. reichend. Membran? Bewehrung des $Enp._4$? P_5, Rec. sem., ♂ unbekannt. Eierballen mit wenig Eiern und kaum abstehend. — L. ♀ 0,8 mm.

Afrika (Tanganjika-See).

9. **E. (E.) van Douwii** (V. Brehm) 1909 *Cyclops v. d.*, V. Brehm in: Zool. Anz., *v.* 34 p. 799 f. 1—3.

Dem *E. (E.) euacanthus* (nr. 12) durch die starke Ausbildung der Säge an den Lateralrändern der Furcaläste ähnlich, die 3 distalen Zähnchen besonders lang; Medialränder glatt; Äste dem Ende zu nicht verbreitert, parallel, etwa 4mal so lang wie breit ($^1/_9$ der Gesamtlänge). Lateralste Endborste wenig kürzer als die medialste. 1. Antennen? Am Endgl. des $Enp._4$ 2 sehr schlanke, lange Dornen, der mediale ein wenig länger als der laterale. P_5 sehr lang gestreckt, medialer Dorn nicht dicker als eine der beiden Borsten und so lang wie die laterale. Rec. sem., Eierballen und ♂ nicht beschrieben. — L. 0,9—1,0 mm.

Afrika (Kamerun).

10. **E. (E.) fragilis** (Kiefer) 1926 *Cyclops f.*, F. Kiefer in: Zool. Anz., *v.* 69 p. 23 f. 6, 7 | 1927 *Eucyclops f.*, F. Kiefer in: Faune Colon. Franç., *v.* 1 p. 551 f. 29—33.

Furcaläste ungefähr 4mal so lang wie breit; Medialrand kahl, Lateralrand mit kräftiger Säge, deren distale Zähnchen besonders lang sind; medialste Endborste nur um die Hälfte länger als die lateralste; mittlere Borsten nahezu gleichartig befiedert. Die 1. Antennen 12gldr., zum Hinterrand des Cephalothorax reichend; Hautsaum der Endgl. sehr schmal, ganzrandig. Dornen der Exp.-Endgl., insbesondere die Enddornen, auch die des Endgl. von $Enp._4$ lanzettförmig; Dornformel 3 • 3 • 3 • 3. P_5: Dorn mittelmäßig lang, wenig breiter als die Endborste. Rec. sem., Eierballen, ♂ unbekannt. — L. ♀ etwa 0,8 mm.

Afrika (Kamerun).

11. **E. (E.) permixtus** Kiefer 1928 *E. p.*, F. Kiefer in: Rec. Ind. Mus., *v.* 30 p. 389 f. 1—5.

Im allgemeinen Aussehen dem *E. (E.) euacanthus* (nr. 12) ähnlich. Furcaläste etwa $4^1/_2$mal so lang wie breit, Medialrand kahl, Lateralrand mit kurzer, aus wenigen langen Stachelchen bestehender Säge; medialste Endborste ein klein wenig länger als die lateralste. Die 1. Antennen 12gldr., nicht bis zum Hinterrand des Cephalothorax reichend. Medialster Enddorn am Endgl. des $Enp._4$ wenig kürzer als der lateralste, beide lanzettförmig; Verbindungsplatte der Füße des 4. Paares mit langen Haaren besetzt. P_5: Dorn medial fast so lang wie die Endborste und nur wenig stärker als diese. Rec. sem. dem des *E. (E.) serrulatus* (nr. 1) sehr ähnlich. Eierballen unbekannt. Genklappen des ♂ mit 3 etwa längengleichen Anhängen, der Dorn ist etwas kürzer als das 2. Abdsegm. — L. ♀ 0,82 mm, ♂ kleiner.

Vorderindien.

12. **E. (E.) euacanthus** (O. Sars) 1909 *Cyclops e.*, G. O. Sars in: P. zool. Soc. London, p. 59 t. 20 f. 189—192 | 1927 *Eucyclops e.*, F. Kiefer in: Faune Colon. Franç., *v.* 1 p. 549 f. 23—28 | 1928 *E. e.*, F. Kiefer in: Zool. Anz., *v.* 76 p. 15 f. 27, 28.

Ziemlich schlank, Vorderkörper lang-oval. Letztes Thoraxsegm. jederseits mit kurzem Borstenbesatz. Furcaläste länger als die 2 letzten Abdsegm. (etwa 4 mal so lang wie breit), gespreizt, nach hinten breiter werdend; Medialrand kahl, Lateralrand mit starker Säge. Lateralste Endborste dornförmig, fast rechtwinklig abstehend, medialste mehr als doppelt so lang wie die lateralste, dünn, kahl; die 2 mittleren einförmig befiedert. Die 1. Antennen 12 gldr., kaum so lang wie der Cephalothorax; die 3 Endgl. mit hyaliner Membran, die fein gezähnelt ist. Lateralrand und Enddornen beider Äste vom P_4, besonders an den Endgl. außergewöhnlich stark, lanzettlich. P_5: Der Dorn medial sehr zart, fast borstenförmig, kurz; die beiden Borsten schlank, lang. Rec. sem. und ♂ unbekannt. Eierballen mäßig groß, oval, schwach abstehend. — L. ♀ 0,79—0,95 mm.

Ostafrika (Tanganjika-See), Westafrika (Kamerun).

13. **E. (E.) Lilljeborgi** (O. Sars) 1892 *Cyclops serrulatus* (part.), Schmeil in: Bibl. zool., pars 11 p. 141 | 1901 *C. s.* (non S. Fischer), Lilljeborg in: Svenska Ak. Handl., *v.* 35 nr. 4 p. 81 t. 5 f. 1—6 | 1903 *C. s.* var. *denticulata*, A. Graeter in: Rev. Suisse Zool., *v.* 11 p. 491 | 1908 *C. macruroides* (part.), Thiébaud in: Ann. Biol. lacustre, *v.* 3 p. 220 | 1914 *C. (Leptocyclops) lilljeborgi*, G. O. Sars in: Crust. Norway, *v.* 6 p. 73 t. 45 | 1915 *C. macruroides* (part.), Thiébaud in: Cat. Invert. Suisse, part 8 p. 38 | 1926 (1927) *C. denticulatus*, Thallwitz in: SB. Ges. Isis, p. 4 ff.

Dem *E. (E.) serrulatus* (nr. 1) nahe stehend. Aber: Furcaläste geschweift. Membran der 3 Endgl. der 1. Antennen gezähnelt, im Proximalteil des Endgl. ungefähr 11 besonders große Zähnchen. Medialer Dorn am P_5 etwa doppelt so breit wie die Borsten. ♂: Medialer Dorn der Genklappen schlank, etwa so lang wie das 2. Abdsegm. — L. ♀ 1,1—1,2 mm.

Europa (z. B. Norwegen, Schweden, Holland, Deutschland, Schweiz, Polen, Rußland); Nordafrika; Ostasien.

14. **E. (E.) macruroides** (Lillj.) ? 1875 *Cyclops alajensis*, Uljanin in: Nachr. Ges. Moskau, *v.* 11 pars 6 p. 35 t. 12 f. 5, 6 | 1892 *C. serrulatus* (part.), Schmeil in: Bibl. zool., pars 11 p. 141 | 1895 *C. s.* (non S. Fischer), J. Richard in: Feuille Natural., ser. 3 *v.* 25 p. 108 | 1898 *C. s.* (part.), Stenroos in: Acta Soc. Fauna Fenn., *v.* 17 nr. 1 p. 231 t. 3 f. 27 | 1901 *C. macruroides*, Lilljeborg in: Svenska Ak. Handl., *v.* 35 nr. 4 p. 85 t. 5 f. 7—11 | 1903 *C. serrulatus* (part.), A. Graeter in: Rev. Suisse Zool., *v.* 11 p. 494 | 1914 *Leptocyclops macruroides*, G. O. Sars in: Crust. Norway, *v.* 6 p. 74 t. 46 | 1915 *Cyclops m.* (part.), Thiébaud in: Cat. Invert. Suisse, part 8 p. 38.

Vorderkörper ziemlich breit, Abd. schlank. Furcaläste 8—9 mal so lang wie breit, leicht geschweift, Medialrand glatt, Lateralrand mit starker Säge. Medialste Endborste länger als die lateralste, mittlere heteronom befiedert. Die 1. Antennen zur Mitte des 1. Thoraxsegm. reichend, 12 gldr., hyaline Membran im proximalen Teil des Endgl. in etwa 22 feine Zähnchen zerteilt. Dorn medial am P_5 doppelt so breit wie eine der Borsten. Rec. sem. ähnlich dem des *E. (E.) serrulatus* (nr. 1). Eierballen ebenso. ♂: Furcaläste kürzer, Dorn der Genklappen etwas mehr als halb so lang wie das 2. Abdsegm. — L. ♀ 1,3—1,5 mm, ♂ kleiner.

Europa (z. B. Norwegen, Schweden, Finnland, Holland, Deutschland, Frankreich, Polen, Rußland, Schweiz); Asien (Syrien); Nordafrika.

15. **E. (E.) macrurus** (O. Sars) 1863 *Cyclops m.*, G. O. Sars in: Forh. Selsk. Christian. (1862), p. 254 | 1889 *C. maarensis*, Vosseler in: Arch. Naturg., *v.* 55 I p. 118 t. 6 f. 1—7, 15 | 1892 *C. macrurus*, Schmeil in: Bibl. zool., pars 11 p. 146 t. 5 f. 15—17 | 1914 *C. (Leptocyclops) m.*, G. O. Sars, Crust. Norway, *v.* 6 p. 75 t. 47.

Schlank. 1.—3. Thoraxsegm. an den hinteren Ecken abgerundet, 4. an derselben Stelle plattenförmig erweitert. Furcaläste parallel, rund 10 mal so lang wie breit; Seitenborste etwa am Beginn des letzten Viertels; über ihr eine kurze Reihe von 5—6 Dörnchen am Lateralrand. Medialste Endborste fast doppelt so lang wie die lateralste; die mittleren heteronom befiedert. Die 1. Antennen kaum den Hinterrand des Cephalothorax überragend, 12 gldr., Seitenborste des Endgl. in der Mitte des Randes. P_5: Dorn medial etwa doppelt so breit wie eine der Borsten. Rec. sem. dem *E. (E.) serrulatus* ähnlich. Eierballen kleiner als bei *E. (E.) serrulatus*, dem Abd. anliegend. ♂: medialer Dorn der Genklappenbewehrung fast so lang wie das 2. Abdsegm. — L. ♀ 1,1—1,4 mm.

Europa (z. B. Schweden, Norwegen, Finnland, Dänemark, England, Frankreich, Deutschland, Schweiz, Polen, Tschechoslowakei, Rußland, Italien); Asien (Turkestan, Mittelasien, Palästina); Nordafrika; Südamerika (?).

16. **E. (E.) Neumani** (Pesta) ? 1897 *Cyclops macrurus*, J. Richard in: Mém. Soc. zool. France, *v.* 10 p. 265 | 1905 *C. m.*, Daday in: Zool., *v.* 18 fasc. 44 p. 137 t. 8 f. 12, 21, 28, 29 | 1925 *C. spec.*, Brian in: Mem. Soc. ent. Ital., *v.* 4 p. 190 | 1927 *C. neumani*, Pesta in: Zool. Anz., *v.* 73 p. 79 f. 6c, d.

Abdsegm. ventral mit „Spitzenreihen". Furcaläste 8 mal so lang wie breit; Medialrand kahl, Lateralrand mit kurzer, aus 6—8 Dörnchen bestehender Säge. Medialste Endborste nur so lang wie die lateralste. Die 1. Antennen 12 gldr., wenig über den Hinterrand des 1. Thoraxsegm. (?) reichend; Hautsaum an den Endgl.? Dornformel? P_5 in Form und Bewehrung wie bei *E. (E.) serrulatus* (nr. 1). Rec. sem., Eierballen, ♂ nicht beschrieben. — L. ♀ 1,4 mm.

Südamerika (Argentinien, Paraguay, Chile).

17. **E. (E.) Graeteri** (Chapp.) 1907 *Cyclops macrurus* var. *subterranea*, E. Graeter in: Zool. Anz., *v.* 31 p. 850 | 1910 *C. m.* var. *s.*, E. Graeter in: Arch. Hydrob. Planktonk., *v.* 6 p. 32 f. 15 t. 1 f. 2 | 1927 *C. Graeteri*, Chappuis in: Thienemann, Binnengew., *v.* 3 p. 42.

Furcaläste knapp 6 mal so lang wie breit; Medialrand unbehaart, Lateralrand ohne Säge; medialste Endborste doppelt so lang wie die lateralste. Die 1. Antennen reichen zum Hinterrand des Cephalothorax, Hautsaum der Endgl. ganzrandig (?). Medialer Enddorn am $Enp._4$ nahezu doppelt so lang wie der laterale. Dorn am P_5 nicht messerklingenförmig, sondern von breitem Grunde aus borstenförmig auslaufend. Blind. ♂ nicht beschrieben. — L. ♀ 1,7 mm, ♂ 1,5 mm (einschl. Furcalendborsten).

Schweiz (Höhlen).

18. **E. (E.) sublaevis** (O. Sars) 1927 *Leptocyclops s.*, G. O. Sars in: Ann. S. Afr. Mus., *v.* 25 p. 117 t. 12 f. 1—10.

Schlank. Furcaläste lang (etwa 7 mal so lang wie breit), Lateralrand meist kahl wie der Medialrand, bisweilen Spuren einer Säge zu erkennen; medialste Endborste kaum länger als die lateralste. Die 1. Antennen 12 gldr., zum Hinterrand des 2. Thoraxsegm. reichend. Hautsaum der Endgl.? Enddornen am Endgl. des $Enp._4$ ähnlich wie bei *E. (E.) serrulatus* (nr. 1). P_5: Dorn mittellang, etwa doppelt so breit wie eine der Borsten. Rec. sem. nicht beschrieben. Genitalklappenbewehrung des ♂? — L. ♀ 1,2 mm, ♂ kleiner.

Südafrika.

19. **E. (E.) laevimargo** (O. Sars) 1909 *Cyclops l.*, G. O. Sars in: P. zool. Soc. London, p. 57 t. 19 f. 170—175.

Abd. verhältnismäßig kurz und plump. Furcaläste am Ende etwas verbreitert und schwach gespreizt, etwas länger als die 3 letzten Abdsegm. Medialrand kahl, Lateralrand ohne Säge. Endborsten homonom befiedert. Die 1. Antennen 12gldr., nur zum Hinterrand des Cephalothorax reichend; (Membran an den Endgl.?); Lateralranddornen des $Exp._4$ kurz und stumpf; Dorn medial am P_5 kürzer als die Platte des Füßchens; Rec. sem. und ♂ nicht beschrieben. — L. ♀ 0,85 mm.

Afrika (Tanganjika-See).

20. **E. (E.) madagascariensis** (Kiefer) 1926 *Cyclops m.*, F. Kiefer in: Zool. Anz., *v.* 69 p. 22 f. 3—5.

Furcaläste parallel, etwas mehr als 5mal so lang wie breit; Medialrand kahl, Lateralrand mit einer Reihe von kleinen Dörnchen über der Ansatzstelle der kleinen Seitenrandborste; medialste Endborste über $2^1/_2$ mal so lang wie die lateralste. Die 1. Antennen 12gldr., nur zum Hinterrand des Cephalothorax reichend, Endgl. mit sehr schmalem, ganzrandigem Hautsaum. Enddornen am Endgl. des $Enp._4$ kräftig, gerade, der laterale $^2/_3$ mal so lang wie der mediale. P_5: Dorn medial sehr kurz und am Grunde nicht stärker als eine der Borsten. Rec. sem. und Eierballen unbekannt. ♂: Von den 3 Anhängen der Genklappe ist die lateralste Borste länger als der Dorn, aber kürzer als das 2. Abdsegm. — L. ♀ rund 0,95 mm, ♂ 0,7—0,8 mm.

Madagaskar.

21. **E. (E.) angustus** (O. Sars) 1909 *Cyclops a.*, G. O. Sars in: P. zool. Soc. London, p. 57 t. 19 f. 176—180.

Körper sehr schlank. Letztes Thoraxsegm. seitlich wenig verbreitert. Furcaläste außerordentlich lang (10—11mal so lang wie breit), etwas gespreizt, gegen das distale Ende etwas verbreitert. Lateral- und Medialrand kahl. Seitenborste sehr nahe dem distalen Ende; über ihrer Einlenkungsstelle eine kurze Querreihe von 4 kleinen Dörnchen. Medialste und lateralste Endborste etwa gleich lang; die beiden mittleren gleichartig befiedert. Die 1. Antennen nur ungefähr bis zum Hinterrand des Cephalothorax reichend, 12gldr., Endgl. sehr schlank; hyaline Membran?. Bewehrung des $Enp._4$? P_5 klein, Dorn medial ungewöhnlich kurz. Rec. sem. unbekannt. Eierballen nur wenige Eier enthaltend. ♂ nicht beschrieben. — L. ♀ 0,82 mm.

Afrika (Tanganjika- und Nyassa-See).

22. **E. (E.) Gibsoni** (G. Brady) 1904 *Cyclops g.*, G. S. Brady in: P. zool. Soc. London, *v.* 2 p. 123 t. 6 f. 1—10 | 1910 *C. macrurus* (non G. O. Sars), Daday in: Zool., fasc. 59 p. 107 | ?1922 *C. nubicus*, Chappuis in: Rev. Suisse Zool., *v.* 29 p. 170 f. 1 | ?1924 *C. n.* + *C. gibsoni*, F. Kiefer in: Zool. Anz., *v.* 61 p. 218 f. 1—3 | 1927 *Afrocyclops g.*, G. O. Sars in: Ann. S. Afr. Mus., *v.* 25 p. 121 t. 13.

Schlank. Borstenbesatz des letzten Thoraxsegm. kräftig. Gensegm. nach hinten mehr allmählich verschmälert. Analsegm. etwas länger als das vorhergehende. Furcaläste sehr lang, bis 10mal so lang wie breit, Medialrand unbehaart, Lateralrand ohne Säge; medialste und lateralste Endborste etwa längengleich. Die 1. Antennen 12gldr., zum Hinterrand des Cephalothorax reichend, Seitenrandborste des Endgl. distal von der Mitte sitzend. Dornformel der Endgl. von $Exp._1$—$Exp._4$ 2 • 3 • 3 • 3. Endgl. von $Enp._4$ etwa wie bei *E. (E.) serrulatus* (nr. 1) bewehrt. P_5: Gl. ziemlich schlank, Dorn fast so lang wie die Borsten und nur wenig stärker als diese. Rec. sem. veränderlich (je nach Füllung mit Sperma?), im allgemeinen aber dem des *E. (E.) serrulatus* entsprechend. Eierballen mäßig groß, dem Abd. anliegend. Letztes Thoraxsegm. des ♂ mit seitlichem Borstenbesatz; der Dorn der Genklappenbewehrung außerordentlich stark, so lang wie die beiden folgenden Abdsegm. — L. ♀ durchschnittlich 1,2 mm, ♂ kleiner.

Afrika (Ost, West, Süd).

23. **E. (E.) dubius** (O. Sars) 1909 *Cyclops d.*, G. O. Sars in: P. zool. Soc. London, p. 63 t. 21 f. 205—207.

Ziemlich schlank, Vorderkörper länglich-oval. Letztes Thoraxsegm. jederseits mit besonders langen feinen Borsten besetzt. Gensegm. so lang wie die 3 folgenden Abdsegm., proximal nur wenig verbreitert. Furcaläste schlank, ziemlich gespreizt, länger als die 2 letzten Abdsegm. Medial- und Lateralrand kahl; Seitenborste nahe dem Ende, klein; medialste Endborste kürzer als die lateralste, dornförmige; die beiden mittleren gleichartig befiedert. Die 1. Antennen 12gldr., kürzer als der Cephalothorax. Hyaline Membran? Bewehrung des $Enp._4$? P_5 schlank, mit 3 ziemlich kurzen, nahezu gleichförmigen, dornähnlichen Anhängen. Rec. sem., Eierballen, ♂ unbekannt. — L. ♀ 0,62 mm.

Afrika (Nyassa-See; 1 ♀).

24. **E. (E.) indicus** Kiefer 1927 *E. i.*, F. Kiefer in: Zool. Anz., *v.* 74 p. 121 f. 16, 17 | 1928 *E. i.*, F. Kiefer in: Rec. Ind. Mus., *v.* 30 p. 391 f. 6—9.

Einem *Cyclops* der *Microcyclops*-Gruppe ähnlicher als einem *E. (E.) serrulatus.* Letztes Thoraxsegm. jederseits mit einem Besatz s e h r l a n g e r, s t a r k e r Borsten. Der Übergang von der etwas verbreiterten Vorderhälfte des Gensegm. zum hinteren, etwas schmaleren Abschnitt erfolgt allmählich. Furcaläste nur etwa 2—$2^1/_2$ mal so lang wie breit; Medialrand kahl, Lateralrand ohne Säge. Die 1. Antennen 12gldr., nur zum Hinterrand des Cephalothorax reichend. Dornformel der Endgl. von $Exp._1$—$Exp._4$: 2·3·3·3. Medialer Enddorn des Endgl. von $Enp._4$ 3/2mal so lang wie der laterale, nur wenig länger als das Gl. P_5: Dorn medial fast so lang wie eine der beiden Borsten und nur ganz wenig dicker. Rec. sem. unbekannt. Dorn der Genklappenbewehrung des ♂ nahezu so lang wie das 2. Abdsegm. — L. ♀ knapp 0,5 mm, ♂ noch kleiner.

Vorderindien.

25. **E. (E.) Stuhlmanni** (Mrázek) 1895 *Cyclops s.*, Mrázek in: D.-O.-Afr., *v.* 4 p. 1 t. 1 f. 1—7, 10, 11.

Vorderkörper oval; Hinterecken der vorderen 3 Thoraxsegm. nicht, das 4. wenig vorgezogen. Gensegm. proximal wenig verbreitert. Furcaläste fast parallel, $1^1/_2$ mal so lang wie das Analsegm. Lateralränder mit kurzer Säge, Medialränder spärlich behaart, außerdem mit 2 transversal sich bis auf die Rückenseite der Äste erstreckenden Haarreihen. Medialste und lateralste Endborste nahezu gleich lang; die 2 mittleren heteronom befiedert. Die 1. Antennen erreichen nicht den Hinterrand des Cephalothorax, 11gldr. Membran? Die verbindende Platte der Füße des 4. Paares jederseits mit 3 nach medial gebogene Stachelchen. Endgl. des $Enp._4$ mit 2 Apikaldornen, von denen der mediale besonders lang und medial gerichtet ist. P_5 *E. (E.) serrulatus* ähnlich, Dorn medial ziemlich kurz. Rec. sem. dem des *E. (E.) serrulatus* ähnlich. Eierballen klein, wenig Eier enthaltend, ans Abd. angepreßt. L. der ♂ Furcaläste etwa wie beim ♀, aber näher beisammen, die mittleren

Endborsten besonders lang. Genklappe mit starkem, medialem Dorn und 2 verschieden langen dünnen Borsten bewehrt. — L. ♀ 0,85 mm, ♂ 0,73 mm.

Ostafrika.

26. **E. (E.) echinatus** (Kiefer) 1926 *Cyclops e.*, F. Kiefer in: Zool. Anz., *v.* 69 p. 21 f. 1, 2.

Von *E. (E.) serrulatus*-ähnlichem Gesamtaussehen. Furcaläste etwas mehr als 3mal so lang wie breit; Lateralrand mit Säge, deren distale Zähnchen besonders lang sind; Medialrand und zum Teil auch die Rückenflächen der Äste mit zahlreichen kurzen, starren Härchen besetzt; medialste Endborste etwas länger als die lateralste; mittlere stark heteronom befiedert. Die 1. Antennen kurz, 11gldr., nicht zum Hinterrand des Cephalothorax reichend. P_5: Gl. ziemlich kurz, Dorn etwa doppelt so breit wie eine der beiden Borsten. Rec. sem. unbekannt. ♂: Säge nur aus 4—5 Dörnchen bestehend. Dorn der Genklappen so lang wie das 2. Abdsegm., mediale Borste doppelt so lang wie die mittlere und fast so lang wie der Dorn. — L. ♀ 0,85—0,95 mm, ♂ 0,74—0,82 mm.

Madagaskar.

27. **E. (E.) teras** (E. Graeter) 1907 *Cyclops t.*, E. Graeter in: Zool. Anz., *v.* 31 p. 849 f. 1, 2 | 1910 *C. t.*, E. Graeter in: Arch. Hydrob. Planktonk., *v.* 6 p. 31 t. 1 f. 1 Textf. 13, 14.

Dem *E. (E.) serrulatus* (nr. 1) ähnlich. Aber: letztes Thoraxsegm. ohne seitlichen Borstenbesatz, Furca leicht geschweift, Lateralrand ohne Säge; 1. Antennen zur Mitte des 2. Thoraxsegm. reichend. P_5 nur mit 2 Anhängen versehen. Blind. Hyalin. — L. ♀ 1 mm.

Schweiz (Höhlen).

b) Subgen. **Tropocyclops** Kiefer

1927 *Eucyclops (T.)*, F. Kiefer in: Zool. Anz., *v.* 73 p. 303 | 1928 *E. (T.)*, F. Kiefer in: Zool. Jahrb., Syst. *v.* 54 p. 541.

Furcaläste sehr kurz, ohne Säge; die Enddornen am Endgl. des $Enp._4$ außergewöhnlich lang; Rec. sem.: Vorderer Hauptteil schlangenförmig, hinterer beiderseits zurückgebogen (Fig. 13).

1 Art.

28. **E. (T.) prasinus** (S. Fisch.) ?1820 *Monoculus quadricornis p.*, Jurine, Hist. Monocles, p. 49 t. 3 f. 5 | 1860 *Cyclops p.*, S. Fischer in: Abh. Bayer. Ak., *v.* 8 p. 652 t. 20 f. 19—26a | ?1863 *C. spinulosus* ♀, C. Claus, Freileb. Cop., p. 102 t. 10 f. 5, 5[1] t. 11 f. 13 | 1871 *C. longicornis*, Vernet, Observ. Cyclops, p. 44 f. 3 | 1882 *C. fluviatilis*, C. L. Herrick in: Rep. geol. Surv. Minnesota, *v.* 10 p. 231 t. 7 f. 1—9 | 1883 *C. magnoctavus*, Cragin in: Tr. Kansas Ac., *v.* 8 p. 70 t. 3 f. 14—23 | 1884 *C. horváthi*, Daday in: Math. termész. Közlem., *v.* 19 p. 212 t. 2 f. 17—21 | 1886 *C. pentagonus*, Vosseler in: Jahresh. Ver. Württemb., *v.* 42 p. 191 t. 5 f. 32—37 t. 6 f. 11, 12 | 1887 *C. p.* var. *vichyensis*, J. Richard in: Bull. Soc. zool. France, *v.* 12 p. 162 | 1892 *C. prasinus*, Schmeil in: Bibl. zool., pars 11 p. 150 t. 5 f. 1—5 | 1893 *C. (Eucyclops) p.*, C. Claus in: Arb. Inst. Wien, *v.* 10 p. 348 | 1904 *C. pusillus*, G. S. Brady in: P. zool. Soc. London, *v.* 2 p. 122 t. 6 f. 11—18 | 1907 *C. virescens*, G. S. Brady in: Ann. trop. Med., *v.* 1 p. 424 t. 34 f. 7, 8 | 1909 *C. tenellus*, G. O. Sars in: P. zool. Soc. London, p. 52 t. 15 f. 118—127 | 1910 *C. virescens*, G. S. Brady in: Ann. trop. Med., *v.* 4 p. 241 t. 18 f. 8—16 | 1919 *Leptocyclops viridis*, Henry in: J. R. Soc. N. S. Wales, *v.* 53 p. 40 t. 2 f. 8, 9 | 1927 *L. prasinus*, G. O. Sars in: Ann. S. Afr. Mus., *v.* 25 p. 119 t. 12 f. 11—20.

Mäßig schlank. Gensegm. proximal wenig verbreitert. Furcaläste $2^1/_2$ mal so lang wie breit, etwas gespreizt; Seitenborste etwa in der Mitte; medialste

Endborste wenig länger als die lateralste, dornförmige. Die 1. Antennen ♀ 12gldr., bis zum Hinterrand des 2. Thoraxsegm. reichend; Membran an den 3 Endgl. ganzrandig. Dornformel 3·4·3·3. Die beiden Enddornen am Endgl. des Enp.$_4$ außerordentlich stark gestreckt, der mediale doppelt so lang wie der laterale und 2 $^1/_2$ mal so lang wie das Gl. P_5 ähnlich dem des *E. (E.) serrulatus* (nr. 1), aber: medialer Anhang ein schlanker, langer, bewimperter Stachel. Rec. sem. Fig. 13. Eierballen eng anliegend, rundlich. Genklappen des ♂ mit 3 Anhängen, die eine der beiden Borsten ist doppelt so lang wie der zarte Dorn und so lang wie das 2. Abdsegm. Lauchgrün gefärbt, besonders das Gensegm. — L. ♀ 0,5—0,9 mm, ♂ 0,5 bis 0,7 mm.

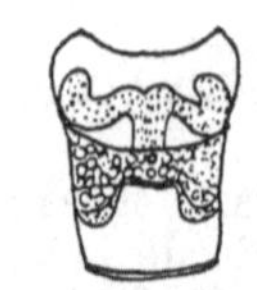

Fig. 13. E. (T.) prasinus ♀. Rec. sem. (nach Schmeil).

Warmwasserform; nach Süden häufiger werdend.

Mittel-, West- und Südeuropa; Afrika; Nord- und Südamerika, Asien, Australien; besonders in den Tropen verbreitet.

6. Gen. **Paracyclops** Cls.

1892 *Cyclops* (part.), Schmeil in: Bibl. zool., pars 11 p. 15 | 1893 *C. (Paracyclops)* (part.), C. Claus in: Anz. Ak. Wien, nr. 9 p. 83 | 1914 *Platycyclops* (part.), G. O. Sars, Crust. Norway, *v.* 6 p. 76 | 1927 *Paracyclops*, F. Kiefer in: Zool. Anz., *v.* 73 p. 304 | 1928 *P.*, F. Kiefer in: Zool. Jahrb., Syst. *v.* 54 p. 542.

Vorderkörper dorso-ventral stärker abgeflacht als bei anderen Cyclopiden. Trennung von Vorder- und Hinterleib nicht so auffallend. Letztes Thoraxsegm. mit seitlichem Borstenbesatz. Furcaläste meist mit einer über die Basis der Seitenrandborste quer hinziehenden Dörnchenreihe. Vorderantennen kurz, kaum länger als $^1/_2$ oder $^2/_3$ des Cephalothorax. Äste der Schwimmbeine 3gldr., Lateralränder der Exp.-Gl. bedornt. P_5 1gldr., breiter als lang, mit einem medialen Dorn und 2 Borsten bewehrt. Rec. sem. sehr ähnlich dem von *Eucyclops*-Arten.

In kleinen Gewässern, in großen litoral und in der Tiefe, z. T. auch in fließenden Gewässern und unterirdisch.

7 Arten.

Typus: *P. fimbriatus* (S. Fisch.)

Übersicht der Arten:

1	Vorderantennen 12gldr.	6. **P. eucyclopoides**
	Vorderantennen 11gldr.	5. **P. affinis**
	Vorderantennen 8gldr. — **2**	
	Vorderantennen 6gldr.	7. **P. oligarthrus**
2	Dörnchenreihe der Furcaläste kurz, quer — **3**	
	Dörnchenreihe der Furcaläste lang, bis nahe zur Basis der Äste ziehend	4. **P. Poppei**
3	Furcaläste etwa 5—6mal so lang wie breit .	1. **P. fimbriatus**
	Furcaläste kürzer — **4**	
4	Furcaläste wie bei *P. fimbriatus* an der Basis weit voneinander abstehend, laterale mittlere Endborste etwa $^2/_3$ der längsten erreichend — **5**	
	Furcaläste an der Basis einander genähert, mediale mittlere Endborste kaum halb so lang wie die laterale	3. **P. finitimus**

5 Furcaläste etwas medialwärts gekrümmt, die lateralste Borste des P_5 außerordentlich lang . . . . 2. **P. abnobensis**
— Furcaläste parallel oder nach lateral gespreizt, die lateralste Borste des P_5 nicht so stark verlängert . . . . 1. **P. fimbriatus forma imminuta**

1. **P. fimbriatus** (S. Fisch.) 1853 *Cyclops f.*, S. Fischer in: Bull. Soc. Moscou, *v.* 26 I p. 94 t. 3 f. 19—28, 30 | 1863 *C. crassicornis*, G. O. Sars in: Forh. Selsk. Christian. (1862), p. 256 | ?1863 *C. spinulosus* ♂, C. Claus, Freileb. Cop., p. 102 t. 10 f. 5, 5[1] t. 11 f. 13 | 1870 *C. gredleri*, Cam. Heller in: Ber. Ver. Innsbruck, *v.* 1 p. 47 t. 1 f. 3, 4 | 1872 *C. pauper*, A. Frič in: Arch. Landesdf. Böhmen, *v.* 2 part 4 p. 233 f. 20 | 1882 *C. margói*, Daday in: Orv.-Termész. Értes. Erdél. Muz., *v.* 7 p. 226 | ?1883 *C. chiltoni*, G. M. Thomson in: Tr. N. Zealand Inst., *v.* 15 p. 97 t. 9 f. 11—19 | 1892 *C. fimbriatus*, Schmeil in: Bibl. zool., pars 11 p. 161 t. 7 f. 8—13 | 1893 *C. (Paracyclops) f.*, C. Claus in: Arb. Inst. Wien, *v.* 10 p. 348 t. 5 f. 12, 13 | 1897 *C. bathybius*, Daday in: Result. Erforsch. Balatonsees, *v.* 2 p. 167 f. 108—112 | 1912 *C. soli*, Kokubo in: Annot. zool. Jap., *v.* 8 p. 102 t. 2 f. 24—26 | 1915 *Platycyclops fimbriatus*, G. O. Sars, Crust. Norway, *v.* 6 p. 81 t. 50 | 1929 *Paracyclops f.* + *P. f.* forma *imminuta*, F. Kiefer in: Z. wiss. Zool., *v.* 133 p. 47, 50 f. 53—56.

Gedrungen. Abd. breit. Analsegm. jederseits vom Afterausschnitt einige Dörnchen. Furcaläste an der Basis weit voneinander entfernt, schwach gespreizt und etwas gebogen; 5—6mal so lang wie breit (= forma *typica*) oder mehr verkürzt, nur rund 4mal so lang wie breit (= forma *imminuta* Kiefer); Lateralrandborste nahe dem Ende, darüber eine vom Lateralrand bis zur dorsalen Mitte quer ziehende Dörnchenreihe. Medialste und lateralste Endborste nahezu gleich lang, lateralste dornartig; die mittleren stark, gekrümmt und heteronom befiedert. Die 1. Antennen ♀ kurz, dick, 8gldr., etwa bis zur Mitte des Cephalothorax reichend. Äste der Schwimmbeine 3gldr., Bewehrung stark, lateraler Enddorn am $Enp._4$ kürzer als der halbe mediale; Dornformel 3•4•4•3. P_5 (Fig. 14) eine 3eckige breite Platte, lateral eine starke, lange, gekrümmte Borste, in der Mitte eine feinere und etwas kürzere, medial ein kürzerer breiter Dorn. Rec. sem. dem von *Eucyclops serrulatus* sehr ähnlich, aber beide Abschnitte median, nicht eingebuchtet. Eierballen groß, anliegend. ♂ 1. Antennen stark, mit mehreren kennzeichnenden Anhängen, wovon der Chitinhaken des mittleren Abschnittes besonders auffallend ist. Genklappenbewehrung aus einem kräftigen medialen Dorn und 2 fast ebenso langen starken Borsten bestehend. — L. ♀ 0,8—1 mm, ♂ kleiner.

Fig. 14. **P. fimbriatus** ♀. P_5 (Orig.).

Ganz Europa; Turkestan, Azoren, Nord-, Ost-, Südafrika; Nordamerika; Neuseeland? (Sammelart?)

2. **P. abnobensis** Kiefer 1929 *P. a.*, F. Kiefer in: Z. wiss. Zool., *v.* 133 p. 51 f. 57—59.

Dem *P. fimbriatus* (nr. 1) sehr nahestehend; aber: Furcaläste kurz, nicht ganz 4mal so lang wie breit, am Grunde weit voneinander abstehend, Medialseite etwas konkav; medialste Endborste etwas kürzer als die lateralste. Medialer Enddorn am Endgl. des $Enp._4$ sehr lang, lateraler nur halb so lang; die lateralste Borste am P_5 sehr lang, fast doppelt so lang wie die mittlere. — L. ♀ rund 0,8 mm, ♂ ungefähr ebenso groß.

Deutschland (Mummelsee im nördlichen Schwarzwald).

3. **P. finitimus** Kiefer ? 1883 *Cyclops Chiltoni*, G. M. Thomson in: Tr. N. Zealand Inst., *v.* 15 p. 97 t. 9 f. 11—19 | ? 1927 *Platycyclops poppei*, G. O. Sars in: Ann. S. Afr. Mus., *v.* 25 p. 126 t. 14 f. 5—17 | 1928 *Paracyclops finitimus*, F. Kiefer in: Bull. Soc. Maroc., *v.* 8 p. 99 f. 24—26 | 1929 *P. f.*, F. Kiefer in: Z. wiss. Zool., *v.* 133 p. 51 f. 60, 61.

Dem *P. fimbriatus* (nr. 1) sehr nahestehend; aber: Furcaläste kürzer, $3-3\frac{1}{2}$ mal so lang wie breit; jederseits vom Analausschnitt einige Dörnchen; die mittleren Endborsten stark längenverschieden, die kürzere kaum halb so lang wie die mediale. Anhänge des P_5 untereinander fast gleich lang. Auch die Anhänge der Genklappen vom ♂ weniger längenverschieden als bei *P. fimbriatus*. — L. ♀ 0,8 mm, ♂ kleiner.

Afrika (Nord- und Süd-); Neuseeland.

4. **P. Poppei** (Rehb.) 1880 *Cyclops p.*, H. Rehberg in: Abh. Ver. Bremen, *v.* 6 p. 550 t. 6 f. 9—11 | 1884 *C. fimbriatus*, C. L. Herrick in: Rep. geol. Surv. Minnesota, *v.* 12 p. 162 t. Q3 f. 9—14 t. R f. 11 | 1892 *C. f.* var. *Poppei*, Schmeil in: Bibl. zool., pars 11 p. 168 t. 7 f. 14—16 | 1909 *C. f.* (non Fischer), C. D. Marsh in: Tr. Wisconsin Ac., *v.* 16 pars II p. 1104 t. 81 f. 3—7 | ? 1927 *Platycyclops poppei*, G. O. Sars in: Ann. S. Afr. Mus., *v.* 25 p. 126 t. 14 f. 5—17.

Dem *P. fimbriatus* (nr. 1) nahe stehend. Aber: Dörnchenreihen des Analsegm. reicher. Furcaläste berühren sich an der Basis fast, sind kürzer, und die dorsale Dornenreihe zieht sich nach einer Biegung etwa in der Mitte des Astes bis nahe zur Basis hin; lateralste Borste am P_5 nur wenig länger als der medialste Dorn. — L. ♀ 0,78—0,86 mm, ♂ 0,7 mm.

Deutschland, Niederlande, Schweiz, England, Rußland, Polen; Nordamerika; Südafrika?

5. **P. affinis** (O. Sars) 1863 *Cyclops a.*, G. O. Sars in: Forh. Selsk. Christian., p. 256 | 1880 *C. pygmaeus*, H. Rehberg in: Abh. Ver. Bremen, *v.* 6 p. 546 t. 6 f. 3—6 | 1892 *C. affinis*, Schmeil in: Bibl. zool., pars 11 p. 157 t. 7 f. 1—8 | 1893 *Paracyclops a.*, C. Claus in: Anz. Ak. Wien, nr. 9 p. 83 | 1893 *Cyclops (Heterocyclops) a.*, C. Claus in: Arb. Inst. Wien, *v.* 10 p. 348 | 1901 *C. a.*, Lilljeborg in: Svenska Ak. Handl., *v.* 35 nr. 4 p. 98 t. 6 f. 15, 16 | 1914 & 15 *Platycyclops a.*, G. O. Sars, Crust. Norway, *v.* 6 p. 80; t. 49 | 1927 *Cyclops phaleroïdes* (part.?), Labbé in: Arch. Zool. expér., *v.* 66 p. 198 f. 177—183.

Analausschnitt jederseits mit einer Reihe feinster Härchen. Furcaläste leicht gespreizt, doppelt so lang wie breit, dorsal unterhalb der Mitte mit einer schrägen Dornenreihe; medialste Endborste kürzer als die lateralste; die zweitlängste heteronom befiedert (medial Härchen, lateral Dörnchen). Die 1. Antennen ♀ 11 gldr., $^2/_3$ mal so lang wie der Cephalothorax. Die 1. Antennen des ♂ im 2. Abschnitt mit 2 charakteristischen Anhängen, einem schwertförmigen und einem hakenartigen Gebilde. Der mediale Enddorn am Endgl. vom $Enp._4$ doppelt so lang wie der laterale. P_5 eine im Umriß glockenförmige Platte mit 3 Borsten: die größte an der Medialecke, die kleinste in der Mitte. Rec. sem. fast genau wie bei *Eucyclops serrulatus*. Eierballen enganliegend. — L. ♀ 0,6—0,85 mm, ♂ etwas kleiner.

Ganz Europa, Ostafrika.

6. **P. eucyclopoides** Kiefer 1929 *P. e.*, F. Kiefer in: Zool. Anz., *v.* 84 p. 47 f. 4—6.

Im Gesamtaussehen einem *Eucyclops* ähnlicher als einem *Paracyclops*. Gensegm. von vorn nach hinten allmählich verschmälert. Furcaläste rund 4mal so lang wie breit; Medialrand unbehaart; über der Basis der weit distal sitzenden Seitenrandborste keine quere Dörnchenreihe. Die langen

Endborsten sind homonom (mit feinen Härchen) befiedert; die medialste Endborste ist etwas länger als die lateralste. Die 1. Antennen sind 12gldr. und etwas kürzer als der Cephalothorax. Endgl. des $Enp._4$ und P_5 ähnlich wie bei *P. affinis* (nr. 5). Rec. sem.: Fig. 14a. Furcaläste des ♂ etwas kürzer als die des ♀. Genklappenbewehrung aus 3 Anhängen bestehend, von denen der ventrale der längste, der mittlere der kürzeste ist. — L. ♀ rund 0,6 mm, ♂ kleiner.

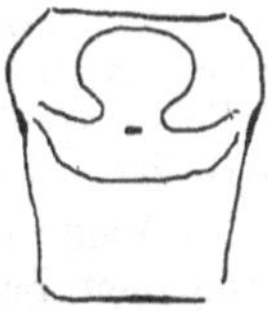

Fig. 14a. P. eucyclopoides ♀. Rec. sem. (Orig.).

Sunda-Insel, Lombok.

7. **P. oligarthrus** (O Sars) 1909 *Cyclops o.*, G. O. Sars in: P. zool. Soc. London, p. 61 t. 21 f. 195—202.

Abd. nach hinten deutlich verschmälert; Furcaläste etwas gespreizt, so lang wie die drei letzten Abdsegm.; Seitenborste ziemlich weit dem distalen Ende genähert. Endborsten ausgesprochen dornförmig, medialste und lateralste gleich lang, diese fast rechtwinklig zum Ast stehend; mittlere distal mit sehr feinen Fiederdörnchen. Die 1. Antennen nur 6gldr., sehr kurz, dick. P_1—P_4 denen von *P. fimbriatus* (nr. 1) ähnlich. P_5 1gldr., mit 3 kurzen, dornförmigen, unter sich fast gleich langen Anhängen. Rec. sem. unbekannt. Eierballen klein, wenig Eier enthaltend. ♂ nicht beschrieben. — L. ♀ 0,69 mm.

Afrika (Tanganjika-See).

7. Gen. **Ectocyclops** G. Brady

1863 *Cyclops* (part.), C. Claus, Freileb. Cop., p. 96 | 1892 *C.* (part.), Schmeil in: Bibl. zool., pars 11 p. 15 | 1893 *Paracyclops* (part.), C. Claus in: Anz. Ak. Wien, nr. 9 p. 83 | 1904 *Ectocyclops*, G. S. Brady in: P. zool. Soc. London, *v.* 2 p. 124 | 1914 *Platycyclops* (part.), G. O. Sars, Crust. Norway, *v.* 6 p. 76 | 1927 *Ectocyclops*, F. Kiefer in: Zool. Anz., *v.* 73 p. 304 | 1928 *E.*, F. Kiefer in: Zool. Jahrb., Syst. *v.* 54 p. 543.

Körper dorso-ventral stark abgeplattet; Abd. breit. Furcaläste meist mit mehreren Reihen von Börstchen, die auf dem Rücken schräg nach dem Medialrande jedes Astes ziehen. Die 1. Antennen sind kurz, wenigldr. Äste der Schwimmbeine 3gldr., Lateralränder der Gl. von $Exp._1$—$Exp._4$ bedornt. P_5 ist eine vom Thoraxsegm. nicht abgegliederte schmale Platte mit 3 Anhängen. Rec. sem. dem der *Platycyclops*-Arten sehr ähnlich. Ovidukte ins Abd. hineinragend.

Kriecher. In Gewässern verschiedenster Art.

Typus: *E. phaleratus* (C. L. Koch)

3 Arten.

Übersicht der Arten:

1 { 1. Antennen des ♀ 6gldr. 3. **E. coperes**
  { 1. Antennen des ♀ 10gldr. — 2

2 { Anhänge des P_5 mäßig lang . . . . 1. **E. phaleratus**
  { Anhänge des P_5 außergewöhnlich lang . . . . 2. **E. compactus**

1. **E. phaleratus** (C. L. Koch) 1838 *Cyclops p.*, C. L. Koch, C M. A., fasc. 21 nr 9 | 1851 *C. canthocarpoides*, S. Fischer in: Bull. Soc. Moscou, *v.* 24 II p. 426 t. 10 f. 24, 25, 32—38 | ? 1869 *C. setiger*, Frey, Grundwassertiere, p. 15 | 1874 *C. fischeri* (juv.), Poggenpol in: Nachr. Ges. Moskau, *v.* 10 pars 2 p. 73 t. 15 f. 28 t. 16 f. 12—15 | ? 1874 *C. lascious*, Poggenpol in: ibid., *v.* 10 pars 2 p. 72 t. 15 f. 22—24 t. 16 f. 7, 8 | ? 1882 *C. transilvanicus*, Daday in: Orv.-Termész. Értes. Erdél. Muz., *v.* 7 p. 227 | 1882 *C. adolescens*, C. L. Herrick in: Rep. geol. Surv. Minnesota, *v.* 10 p. 231 t. 6 f. 16—20 | 1883 *C. perarmatus*, Cragin in: Tr. Kansas. Ac., *v.* 8 p. 72 t. 1 f. 9—18 | 1892 *C. phaleratus*, Schmeil in: Bibl. zool.,

pars 11 p. 170 t. 8 f. 1—11 | 1893 *C. (Paracyclops) p.*, C. Claus in: Arb. Inst. Wien, *v.* 10 p. 348 t. 5 f. 14 | 1904 *Ectocyclops rubescens*, G. S. Brady in: P. zool. Soc. London, *v.* 2 p. 124 t. 6 f. 19, 20 t. 7 f. 21—27 | 1912 *Cyclops phaleratus japonicus* (juv. ♂), Kokubo in: Annot. zool. Jap., *v.* 8 p. 103 t. 2 f. 27—30 | 1913 *C. quinquepartitus*, C. D. Marsh in: Smithson. Collect., *v.* 61 nr. 3 p. 17 t. 5 f. 2, 3, 7 | 1914 *Platycyclops phaleratus*, G. O. Sars, Crust. Norway, *v.* 6 p. 78 t. 48 | 1927 *Cyclops phaleroïdes* (part.?), Labbé in: Arch. Zool. expér., *v.* 66 p. 198 f. 177—183.

Ventraler Hinterrand des 5. Thoraxsegm. mit einer in der Mitte unterbrochenen Zähnchenreihe versehen. Abd. nach hinten nur wenig verschmälert. Analausschnitt mit Börstchen besetzt. Furcaläste kurz. Auf dem Rücken jedes Astes verlaufen einige Reihen von Börstchen schräg zum Medialrand; über der Ansatzstelle der Seitenrandborste einige Dörnchen. Medialste und lateralste Endborste kurz und fast gleich lang, jene borstenförmig, diese dornartig; mittlere Endborsten stark heteronom befiedert. Die 1. Antennen kurz, meist 10gldr.,

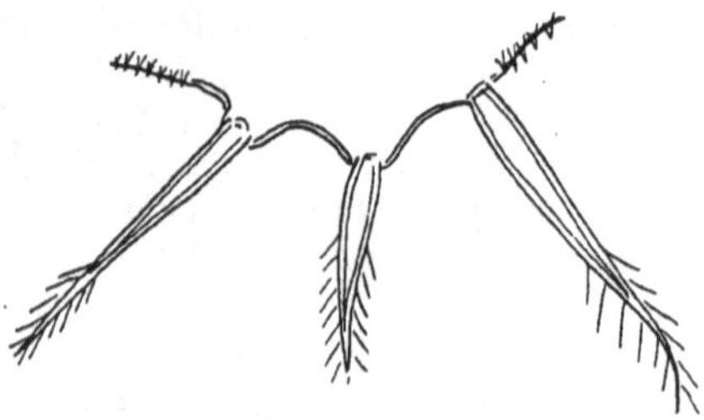

Fig. 15. **E. phaleratus** ♀, P_5 (Orig.).

bisweilen 11- oder nur 9gldr. Dornformel 3 • 4 • 4 • 3. Medialer Enddorn am Endgl. des $Enp._4$ doppelt so lang wie der laterale und etwas über doppelt so lang wie das Gl. Anhänge des P_5 (Fig. 15) mäßig lang, kräftig, stachel- bis dornartig. Eierballen dem Abd. anliegend. Dorn an der Genklappe des ♂ etwa so lang wie das 2. Abdsegm. Färbung braun. — L. ♀ 1—1,2 mm, ♂ 0,9—1 mm.

Europa; Afrika; Asien; Amerika; Australien.

2. **E. compactus** (O. Sars) 1909 *Cyclops c.*, G. O. Sars in: P. zool. Soc. London, p. 62 t. 21 f. 203, 204.

Dem *E. phaleratus* (nr. 1) sehr ähnlich; Borsten am 5. Thoraxsegm. jederseits kurz. Furcaläste mäßig gespreizt, schwach 3mal so lang wie breit; der Basis zu ziehen über den Rücken jedes Astes 2—3 Reihen feinster Härchen schräg zum geraden Medialrand. Medialste Endborste kürzer als die lateralste; die beiden mittleren stark, beide mit nur wenigen kurzen Fiederdörnchen, die lateralste dazu im proximalen Teil mit einigen feinen Härchen. Die 1. Antennen 10gldr. Medialer Enddorn am Endgl. des $Enp._4$ über doppelt so lang wie der laterale. P_5 mit 3 ungewöhnlich langen Anhängen, der längste davon zum Hinterrand des 2. Abdsegm. reichend. Rec. sem., Eierballen und ♂ unbekannt. — L. ♀ 0,75—0,80 mm.

Afrika (Tanganjika-See, Sudan).

3. **E. coperes** (R. Gurn.) 1928 *Paracyclops c.*, R. Gurney in: P. zool. Soc. London, pars 2 p. 322 f. 3a—e.

Dorso-ventral abgeflacht. Gensegm. breit, nach hinten wenig verschmälert. Furcaläste kurz, nur ungefähr doppelt so lang wie breit; über der dorsal verlagerten, kleinen Seitenrandborste eine Reihe feiner Dörnchen; medialste und lateralste Endborste kurz, gleich lang; laterale mittlere kürzer als die Hälfte der längsten Endborste. Die 1. Antennen ♀ kurz, 6 gldr. Die Außenranddornen der Gl. von $Exp._1$—$Exp._4$ besitzen breite, gezähnte Membranen. Medialster Enddorn des $Enp._4$ länger als das Gl., nahezu 4mal so lang wie der laterale. P_5 mit 2 stärkeren stachelartigen Anhängen und 1 sehr zarten, dazwischen sitzenden Börstchen bewehrt. Rec. sem. dem des *E. phaleratus* ähnlich. ♂? — L. ♀ 0,6 mm.

Afrika, (Tanganjika-See).

C. Subfam. **Cyclopinae**

1852 *C.* (part.), J. D. Dana in: U. S. expl. Exp., *v.* 13 II p. 1177, 1180 | 1927 *C.*, F. Kiefer in: Zool. Anz., *v.* 73 p. 304.

Letztes Thoraxsegm. nur bei einigen Arten einer Gattung (*Mesocyclops*) jederseits mit zarten Härchen, sonst kahl. Furcaläste ohne Längs- oder Querreihen von Dörnchen. Schwimmfußäste 3- oder 2 gldr., bei einigen Arten zum Teil sogar nur noch 1 gldr. P_5 3-, meist 2- oder 1 gldr., in einigen Fällen mit dem Thoraxsegm. völlig verschmolzen.

Süßwasser; einzelne Arten euplanktisch; meist aber litoral und in kleineren Gewässern; auch unterirdisch und in feuchten Moosen.

4 Gattungen mit 94 sicheren Arten.

Übersicht der Gattungen:

1 { P_5 3 gldr., am Ende mit 2 gleich langen und gleich starken Anhängen (Fig. 30) . . . . 10. Gen. **Orthocyclops**
P_5 2- oder 1 gldr. — 2

2 { P_5 wie in Fig. 31a, 36b dargestellt; Rec. sem. hammerförmig (Fig. 31b, 36c) . . . . 11. Gen. **Mesocyclops**
P_5 wie in Fig. 16b, 17a, 18a, 19a, 24 dargestellt; Rec. sem. nicht oder nur selten hammerförmig . . . . . 8. Gen. **Cyclops**
P_5 wie in Fig. 29a dargestellt; Rec. sem. einfach, quer (Fig. 29b) . . . . 9. Gen. **Bryocyclops**

8. Gen. **Cyclops** Müll.

1758 *Monoculus* (part.), Linné, Syst. Nat., ed. 10 p. 634 | 1776 *Cyclops* (part.), O. F. Müller, Zool. Dan. Prodr., p. 201 | 1785 *C.* (part.), O. F. Müller, Entom., p. 99 | 1892 *C.* (part.), Schmeil in: Bibl. zool., pars 11 p. 15 | 1893 *Microcyclops* (part.), C. Claus in: Anz. Ak. Wien, nr. 9 p. 82 | 1913 *Cyclops*, G. O. Sars, Crust. Norway, *v.* 6 p. 30 | 1925 *Graeteriella* (part.), V. Brehm in: Arch. Hydrob. Planktonk., *v.* 16 p. 314 | 1927 *Cryptocyclops* (part.), G. O. Sars in: Ann. S. Afr. Mus., *v.* 25 p. 129 | 1928 *Cyclops*, F. Kiefer in: Zool. Jahrb., Syst. *v.* 54 p. 544.

Vorder- und Hinterkörper scharf gegeneinander abgesetzt. Letztes Thoraxsegm. ohne seitlichen Borstenbesatz, bei den Arten, deren P_5 1 gldr. ist, jederseits mit 1 Borste. Furcaläste in der Länge sehr verschieden, Lateralrand nie mit einer „Säge". Die 1. Antennen selten länger als der Cephalothorax, 18—9 gldr. Äste der Schwimmbeine meist 3 gldr., bei zahlreichen Arten jedoch nur 2 gldr. P_5 2- oder 1 gldr., Endgl. mit 2 Anhängen, 1 Endborste und 1 medial davon (apikal oder am Medialrand) sitzenden Dorn, dieser ist bedeutend kürzer als die Borste, oft sogar nur sehr winzig oder überhaupt verschwunden.

6 Untergattungen mit 66 Arten[1]), darunter 3 mit je 1, 1 mit 2 und 1 mit 7 Unterarten.

---

[1]) Dazu kommen noch 2 im „Nachtrag" behandelte Arten.

Übersicht der Arten:

1	Dorn medial am (stets 2gldr.) 5. Füßchen in der Mitte sitzend (Fig. 16b, 17a) — **2**	
	Dorn am End- oder einzigen Gl. des 5. Füßchens apikal oder doch der Spitze genähert eingelenkt — **11**	
2	Grundgl. des P_5 nicht auffallend verbreitert; Dorn des Endgl. allermeist kräftig und lang (Fig. 16b) — (Subgen. *Cyclops* s. str.) **3**	
	Grundgl. sehr breit; Dorn des Endgl. winzig klein (Fig. 17a) — (Subgen. *Megacyclops*) **9**	
3	1. Antennen des ♀ 17gldr. — **4**	
	1. Antennen 14gldr.	7. **C. insignis**
4	4. und 5. Thoraxsegm. höchstens in kleine seitliche Spitzen vorgezogen — **5**	
	Diese Segm. seitlich flügelartig verbreitert — **8**	
5	Dorn medial am Endgl. des P_5 groß — **6**	
	Dieser Dorn sehr klein und zart	3. **C. lacustris**
6	Furca 5—6mal so lang wie breit; die längsten Endborsten kaum doppelt so lang wie ein Furcalast .	1. **C. strenuus**
	Furca 7—8mal so lang wie breit; Endborsten entsprechend länger — **7**	
7	Medialste Furcalendborste meist über doppelt so lang wie die lateralste	2. **C. abyssorum**
	Diese Borste nur wenig länger als die lateralste . . .	4. **C. furcifer**
8	Furca ungefähr 4mal so lang wie breit; Dornformel 3.4.3.3	5. **C. scutifer**
	Furca ungefähr 7mal so lang wie breit; Dornformel 2.3.3.3	6. **C. vicinus**
9	Furca kurz, höchstens 4mal so lang wie breit; medialste Endborste mindestens doppelt so lang wie die lateralste	8. **C. viridis**[1]
	Furca rund 5mal so lang wie breit; medialste Endborste nur wenig länger als die lateralste — **10**	
10	Endgl. des $Enp._4$ schlank, über doppelt so lang wie breit	9. **C. gigas**
	Dieses Gl. gedrungen, weniger als 2mal so lang wie breit	10. **C. latipes**
11	P_5 2gldr. — **12**	
	P_5 1gldr. — **31**	
12	Der Dorn medial neben der Endborste am Endgl. des P_5 ist lang, kräftig (Fig. 19) — (Subgen. *Diacyclops*) **13**	
	Dieser Dorn ist kürzer und schmächtiger (Fig. 24) — (Subgen. *Acanthocyclops*) **21**	
13	1. Antennen des ♀ 17gldr. — **14**	
	1. Antennen wenigergldr. — **17**	
14	Medialer Enddorn am Endgl. des $Enp._4$ kürzer als der laterale; Gl. lang gestreckt — **15**	
	Dieser Dorn etwas länger als der laterale; Gl. gedrungen — **16**	
15	Medialer Enddorn am Endgl. des $Enp._4$ verhältnismäßig nur wenig kürzer als der laterale	22. **C. bicuspidatus**
	Dieser Dorn kaum halb so lang wie der laterale . . .	23. **C. Thomasi**
16	Rec. sem. wie in Fig. 20	24. **C. bisetosus**[2]
	Rec. sem. wie in Fig. 21	25. **C. crassicaudoides**[2]

[1]) Vgl. auch *C. (M.) Donnaldsoni* Chapp. — „Nachtrag" p. 89.
[2]) Vgl. auch *C. (D.) Jeanneli* Chapp. — „Nachtrag" p. 89.

17	1. Antennen des ♀ 16gldr.	27. C. languidus
	1. Antennen des ♀ 14gldr.	22a. C. bicuspidatus odessanus
	1. Antennen des ♀ 12gldr.	26. C. crassicaudis
	1. Antennen des ♀ 11gldr. — 18	
18	Enp.$_1$ und Enp.$_2$ 2gldr., die übrigen Schwimmfußäste 3gldr.	31. C. stygius
	Enp.$_1$—Enp.$_3$ 2gldr., die übrigen Äste 3gldr.	31. C. stygius forma deminuta
	Exp.$_1$, Enp.$_1$ und Enp.$_2$ 2gldr., die übrigen Äste 3gldr. — 19	
19	Die Lateralrandborste am Endgl. von Enp.$_1$—Enp.$_4$ ist kräftig dornförmig	30. C. abyssicola
	Diese Borste ist eine normale Fiederborste — 20	
20	Die furcale Seitenborste sitzt in der Mitte des Randes .	29. C. nanus
	Diese Borste sitzt zu Beginn des letzten Drittels oder Viertels	28. C. languidoides
21	1. Antennen des ♀ 17gldr. — 22	
	1. Antennen des ♀ 12- oder 11gldr. — 24	
22	Rec. sem. wie in Fig. 25 — 23	
	Rec. sem. auffallend schmetterlingsförmig	21. C. sensitivus
23	Dornformel 2 • 3 • 3 • 3	11. C. vernalis
	Dornformel 3 • 4 • 4 • 4	12. C. robustus
24	1. Antennen des ♀ 12gldr. — 25	
	1. Antennen des ♀ 11gldr. — 29	
25	Am Endgl. von Exp.$_1$—Exp.$_4$ außer den Dornen je noch 5 Fiederborsten — 26	
	An diesem Gl. je nur 4 Fiederborsten — 27	
26	Furca medial behaart; Endgl. des Enp.$_4$ und seine beiden Enddornen gedrungen	19. C. venustus
	Furca medial kahl; Endgl. des Enp.$_4$ und die beiden Dornen schlank	20. C. capillatus
27	Die Ränder der Dornen von P_2—P_4 mit Dörnchenfiederchen besetzt — 28	
	Diese Dornen mit einer gezähnelten Membran umsäumt	15. C. muscicola
28	Vorderkörper und besonders das Gensegm. sehr plump .	13 C. lobulosus
	Körper und besonders das Gensegm. von normalschlankem Aussehen	14. C. phreaticus
29	Medialste Furcalendborste nur so lang wie die lateralste; Furcaläste ungefähr doppelt so lang wie breit — 30	
	Medialste Endborste nahezu doppelt so lang wie die lateralste; Furcaläste gut 3mal so lang wie breit .	16. C. Michaelseni
30	Analoperculum mäßig groß, trapezförmig	17. C. Kieferi
	Analoperculum größer, mit gerundeter Spitze	18. C. reductus
31	Nur 1 lange, mittlere Furcalendborste entwickelt . . .	34. C. unisetiger
	2 lange mittlere Furcalendborsten entwickelt — 32	
32	Analoperculum groß, rundbogig oder 3eckig — 33	
	Analoperculum nicht besonders entwickelt — 35	
33	Analoperculum besonders groß, halbkreisförmig, mit fein bedorntem freiem Rand	33. C. operculatus
	Analoperculum mehr 3eckig, sein freier Rand unregelmäßig gezackt — 34	
34	P_5 deutlich 2gldr., medialer Anhang des Endgl. dornförmig, kürzer als die benachbarte Borste	35. C. troglodytes
	P_5 undeutlich 2gldr., medialer Anhang borstenförmig, länger als die benachbarte Borste	36. C. Racovitzai

35 Dorn innen am Ende des P_5 kräftig und lang (wie bei *C. bicuspidatus*) . . . . 32. **C. Staheli**[1])
Dieser Dorn schmächtiger oder winzig klein oder überhaupt nicht nachzuweisen — **36**

36 Der Dorn medial am P_5 ist verhältnismäßig noch gut entwickelt (Fig. 28) — **37**
Dieser Dorn ist außerordentlich klein oder gar nicht vorhanden (Fig. 24 a, b, 26) — **49**

37 Enp.$_1$ und Exp.$_1$ 2gldr., die übrigen Schwimmfußäste 3gldr. . . . . 45. **C. australis**
Alle Schwimmfußäste 2gldr. — **38**

38 1. Antennen des ♀ 12gldr. — **39**
1. Antennen des ♀ 11gldr. — **41**
1. Antennen des ♀ 9gldr. . . . . 66. **C. planus**

39 Endgl. des Enp.$_4$ nur etwa doppelt so lang wie breit — **40**
Dieses Gl. über 3mal so lang wie breit . . . . 60. **C. leptopus**

40 Dörnchen des P_5 schlank; medialer Enddorn am Endgl. des Enp.$_4$ länger als das Gl. . . . . 58. **C. necessarius**
Dörnchen des P_5 kurz, dick; medialer Enddorn am Endgl. des Enp.$_4$ kürzer als das Gl. . . . . 46. **C. anceps**

41 Das Gl. des P_5 sehr breit; das Dörnchen weit medial stehend — **42**
Das Gl. schlanker, Dörnchen normal stehend — **43**

42 Abd., besonders das Gensegm. ziemlich plump . . . 61. **C. dengizicus**
Abdsegm. gestreckt, Abd. deshalb schlank . . . . . . 62. **C. panamensis**

43 Am Endgl. des Enp.$_4$ sitzen 2 Enddornen — **44**
An dieser Stelle sitzt nur 1 langer Enddorn — **47**

44 Medialer Enddorn des Endgl. vom Enp.$_4$ bedeutend länger als das Gl. . . . . 57. **C. gracilis**
Dieser Dorn kürzer als das Gl. — **45**

45 Endgl. des Enp.$_4$ nahezu 3mal so lang wie breit . . . 47. **C. crassipes**
Dieses Gl. höchstens etwa doppelt so lang wie breit — **46**

46 Endgl. des Enp.$_4$ etwa doppelt so lang wie breit . . 49. **C. gemellus**
Dieses Gl. kürzer, nur ungefähr $1^1/_2$mal so lang wie breit . . . . 48. **C. tanganicae**

47 Der Dorn am Endgl. des Enp.$_4$ ist kürzer als das Gl. . 65. **C. arnaudi**
Dieser Dorn ist länger als das Gl. — **48**

48 Das Endgl. des Enp.$_4$ ist weniger als doppelt so lang wie breit . . . . 63. **C. minutus**
Dieses Gl. ist stark doppelt so lang wie breit . . . . 64. **C. monacanthus**

49 1. Antennen des ♀ sind 12gldr. — **50**
1. Antennen des ♀ sind 11- oder nur 10gldr. — **57**

50 Das Gl. des P_5 vom ♀ besitzt am Ende neben der sehr kurzen Borste einen winzigen Dorn . . . . 59. **C. mendocinus**
Das Gl. des P_5 besitzt außer der Endborste an seinem Medialrande distal noch ein Dörnchen oder ist ohne solches — **51**

51 Furcaläste schlank, 5—6mal so lang wie breit — **52**
Furcaläste kürzer, nur $2^1/_2$—4mal so lang wie breit — **53**

52 P_5 trägt außer der Endborste medial noch ein kräftiges, kurzes Dörnchen (Fig. 26) . . . . 43. **C. paraplesius**
P_5 nur mit einer Endborste bewehrt . . . . 44. **C. furcatus**

53 Vorder- und Hinterkörper breit, Cephalothorax nach vorn stark zugespitzt, 3eckig . . . . 41. **C. Cunningtoni**
Ganzer Körper schlank, Cephalothorax von normalem Aussehen — **54**

---

[1]) Vgl. auch *C. nanus incertus* und *C. nanus* forma *diaphanoides* sowie *C. abyssicola.*

54 Furcaläste 3—4 mal so lang wie breit; Rec. sem. etwa wie in Fig. 24c — **55**
Furcaläste $2^{1}/_{2}$—3 mal so lang wie breit; Rec. sem. wie in Fig. 25 — **56**

55 Das Endgl. des Enp.$_4$ nahezu doppelt so lang wie der mediale Enddorn daselbst . . . . 37. **C. varicans**
Dieses Gl. nur wenig länger als der fragliche Dorn . . 38. **C. subaequalis**

56 Das Gl. des P_5 etwa 2—$2^{1}/_{2}$ mal so lang wie breit . . 39. **C. rubellus**
Dieses Gl. ungefähr 4 mal so lang wie breit . . . . . 40. **C. Davidi**

57 1. Antennen des ♀ 11 gldr. — **58**
1. Antennen des ♀ 10 gldr.; Furcaläste sehr lang gestreckt . . . . 42. **C. attenuatus**

58 Am Endgl. des Enp.$_4$ sitzen apikal 2 Dornen — **59**
An dieser Stelle sitzt nur 1 Dorn — **63**

59 Die Furcaläste sind $3^{1}/_{2}$—4 mal so lang wie breit — **60**
Die Furcaläste sind knapp 3 mal so lang wie breit — **61**

60 Die längste Furcalendborste ist wenig mehr als doppelt so lang wie einer der schlanken Furcaläste . . . . 50. **C. bicolor**
Diese Borste ist nahezu 4 mal so lang wie einer der etwas weniger gestreckten Furcaläste . . . . . . 51. **C. linjanticus**

61 Die Dornen am Enp.$_4$ und Exp.$_4$ sind kurz und abgestumpft . . . . 53. **C. pachycomus**
Diese Dornen sind normal lang und spitz — **62**

62 Die medialste Furcalendborste ist doppelt so lang wie die lateralste . . . . 52. **C. falsus**
Diese Borste ist kaum länger als die lateralste . . . 54. **C. exiguus**

63 Das schlanke Endgl. des Enp.$_4$ ist viel länger als sein Enddorn . . . . 55. **C. caudatus**
Das mehr gedrungene Gl. ist kürzer als sein sehr langer Enddorn . . . . 56. **C. inopinatus**

a) Subgen. **Cyclops** s. str.

1927 Subgen. *C.*, F. Kiefer in: Zool. Anz., *v.* 73 p. 305 | 1928 Subgen. *C.*, F. Kiefer in: Zool. Jahrb., Syst. *v.* 54 p. 545.

Das 5. Füßchen ist 2 gldr., Grundgl. mäßig breit, mit 1 Borste an der distalen Lateralecke; Endgl. nicht besonders schlank, am Ende mit 1 Fiederborste, in der Mitte des Medialrandes mit 1 meist kräftigen Dorn, der jedoch die Länge des Gl. nicht übertrifft (Fig. 16b). Das Rec. sem. ist einfach gebaut (Fig. 16c). Die Furcaläste sind lang, ihr Medialrand behaart, auf der Rückenfläche mit chitinigem Längskiel. Die Endgl. des Exp.$_1$—Exp.$_4$ besitzen je 5 Fiederborsten.

7 Arten (nr. 1—7).

Typus: *C. (C.) strenuus* S. Fisch.

1. **C. (C.) strenuus** S. Fisch. 1851 *C. s.*, S. Fischer in: Bull. Soc. Moscou, *v.* 24 II p. 419 t. 9 f. 12—21 | 1853 *C. quadricornis* (part.), Lilljeborg, Clad. Ostr. Cop., p. 150 | 1857 *C. brevicaudatus*, C. Claus in: Arch. Naturg., *v.* 23 I p. 34 t. 2 f. 12 | 1863 *C. clausi* (nec Heller nec Poggenpol), Lubbock in: Tr. Linn. Soc. London, *v.* 24 p. 201 t. 31 f. 12—14 | 1875 *C. fedtschenkoi*, Uljanin in: Nachr. Ges. Moskau, *v.* 11 pars 6 p. 31 t. 12 f. 10 | ?1875 *C. sarsi*, Uljanin, ibid. p. 32 t. 7 f. 7 | 1878 *C. helleri* (juv.), G. S. Brady, Cop. Brit. Isl., *v.* 1 p. 115 t. 22 f. 15—18 | ?1880 *C. dentatus* (juv.), H. Rehberg in: Abh. Ver. Bremen, *v.* 6 p. 546 | ?1882 & 84 *C. hungaricus*, *claudiopolitanus* und *parádyi*, Daday in: Orv.-Termész. Értes. Erdél. Muz., *v.* 7 p. 219, 220, 222 und Math. termész. Közlem., *v.* 19 p. 234 t. 2 f. 9—12; p. 227 t. 1 f. 14—18; p. 230 t. 1 f. 19, t. 2 f. 1—8 |

?1881 *C. elongatus* (non Claus), Daday in: Math. termész. Közlem., *v.* 19 p. 207 | 1886 *C. fennicus* + *C. longisetosus* (juv.), Nordquist in: Acta Soc. Fauna Fenn., *v.* 3 nr. 2 p. 21, 22 | 1886 *C. lucidulus* (C. L. Koch?), Vosseler in: Jahresh. Ver. Württemb., *v.* 42 p. 196 t. 5 f. 1—12 | 1886 *C. bodanicus*, Vosseler, ibid. p. 193 t. 5 f. 13—18 | 1887 *C. uljanini, trouchanowi* und *brevisetosus* (juv.), Sowinsky in: Mém. Soc. Kiew, *v.* 8 fasc. 2 Protok. p. 27, 51, 51 t. 8 f. 9, 6, 10 | 1888 *C. bradyi* (juv.), Šoštarić in: Rad Jugoslav. Ak., *v.* 92 p. 174 t. 2 f. 19, 20 | 1888 *C. ewarti* (juv.), G. S. Brady in: Rep. Fish. Board Scotl., *v.* 6 p. 232 t. 8 f. 1—6 | 1892 *C. strenuus* (part.), Schmeil in: Bibl. zool., pars 11 p. 39 | ?1901 *C. kolensis*, Lilljeborg in: Svenska Ak. Handl., *v.* 35 nr. 4 p. 21 t. 2 f. 11, 12 | 1904 *C. strenuus* var. *pelagica* (Schmeil!), Ch. Lindner in: Rev. Suisse Zool., *v.* 12 p. 232 | 1913 *C. s.*, G. O. Sars, Crust. Norway, *v.* 6 p. 32 t. 16 | 1918 *C. pictus*, G. O. Sars, ibid. p. 211 | 1927 *C. strenuus* (mit *forma tatricus* und *f. vranae*), Koźmiński in: Bull. Ac. Cracovie, Suppl. *v.* 1 p. 70 f. 1, 3, 4, 6, 11—13.

Kräftig gebaute Art. 4. und 5. Thoraxsegm. seitlich in kleine Spitzen ausgezogen. Gensegm. vorn breit, nach hinten stark verschmälert, nahezu so lang wie die 3 folgenden Abdsegm. zusammen. Furcaläste 5—6 mal so lang wie breit, etwas gespreizt, ihr Medialrand behaart, Lateralrandborste klein, nahe dem Ende; dorsal besitzt jeder Ast eine chitinige Längsleiste;

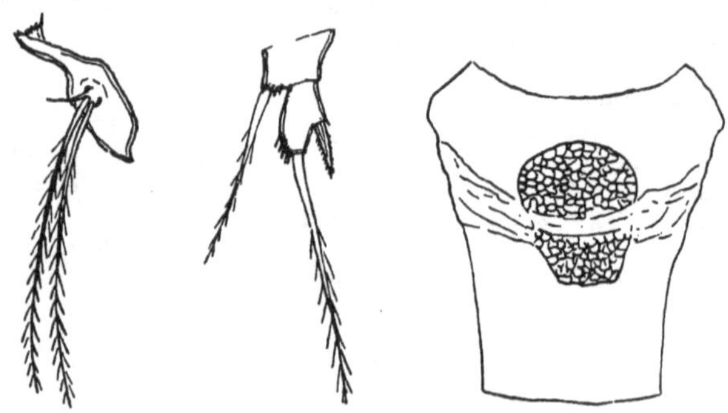

a b c

Fig. 16. C. (C.) strenuus ♀.
a) Mandibel (nach G. O. Sars), *b)* P_5, *c)* Rec. sem. (Orig.).

mittlere Endborsten kurz, die längere kaum doppelt so lang wie ein Furcalast, unter sich wenig längenverschieden; lateralste und medialste Endborste gut entwickelt, diese etwa 2 mal so lang wie jene. Die 1. Antennen ♀ 17gldr., zur Mitte des 2. Thoraxsegm. reichend. Äste der Schwimmbeine 3gldr., Dornformel 3·4·3·3, bisweilen auch 2·3·3·3 (?). Endgl. des $Enp._4$ stark doppelt so lang wie breit, medialer Enddorn 2 mal so lang wie der laterale und etwa so lang wie das Gl. P_5 2gldr., Endgl. mit 1 Endborste und 1 kräftigen Dorn in der Mitte des Medialrandes (Fig. 16b). Rec. sem. einfach, aus einem mehr oder minder eiförmigen Hauptteil bestehend, von dem aus nach jeder Seite ein breiter Ausführungskanal zu den Genöffnungen zieht (Fig. 16c). Genklappen des ♂ mit 3 Anhängen bewehrt, 1 kürzeren Dorn und 2 verschieden langen Borsten, von denen die laterale etwa so lang ist wie das 2. Abdsegm. Eierballen des ♀ meist groß, viele Eier enthaltend, dem Abd. ziemlich anliegend. — L. ♀ 1,4—2 mm durchschnittlich, aber auch bis 3,5 mm; ♂ rund 1,5 mm.

In Seen euplanktisch, aber auch litoral und in kleineren Gewässern. Wohl bei den meisten Autoren Sammelart.

Ganz Europa; Asien; Nordafrika; Nordamerika.

2. **C. (C.) abyssorum** O. Sars 1863 *C. a.*, G. O. Sars in: Forh. Selsk. Christian. (Aar 1862), p. 238 | 1903 *C. strenuus* var. *gracilipes*, G. O. Sars in: Annuaire Mus. St.-Pétersb., *v.* 8 p. 217 | 1913 *C. abyssorum*, G. O. Sars, Crust. Norway, *v.* 6 p. 33 t. 17.

Dem *C. strenuus* sehr ähnlich; aber Furcaläste länger, ungefähr 8mal so lang wie breit; Endborsten auch entsprechend länger; Gl. der Schwimmbeine schlanker, insbesondere das Endgl. des $Enp._4$. Eierballen verhältnismäßig wenig, aber große Eier enthaltend. — L. ♀ 1,8—1,9 mm.

Planktonform.

Norwegen, Schweden, Britische Inseln.

3. **C. (C.) lacustris** O. Sars 1863 *C. l.*, G. O. Sars in: Forh. Selsk. Christian. (Aar 1862), p. 239 | 1913 *C. l.*, G. O. Sars, Crust. Norway, *v.* 6 p. 35 t. 18.

Dem *C. strenuus* sehr ähnlich; aber Vorderkörper und Gensegm. schlanker; 4. Thoraxsegm. nicht in seitliche Spitzen vorgezogen; Furcaläste stark 5mal so lang wie breit; die längste Endborste fast 3mal so lang wie ein Ast. Gl. der Schwimmbeine und Endgl. des 5. Füßchens gestreckter; Dorn medial am Endgl. des P_5 sehr klein. Eierballen klein, wenige aber große Eier enthaltend. — L. ♀ 1,5 mm, ♂ 1,3 mm.

Planktonform.

Norwegen, Schweden.

4. **C. (C.) furcifer** Cls. 1857 *C. f.*, C. Claus in: Arch. Naturg., *v.* 23I p. 208 t. 11 f. 14—16 | 1901 *C. miniatus*, Lilljeborg in: Svenska Ak. Handl., *v.* 35 nr. 4 p. 24 t. 2 f. 13—15 | 1926 *C. lacunae*, Lowndes in: Ann. nat. Hist., ser. 9 *v.* 18 p. 142 t. 7 f. 1—8 | 1927 *C. miniatus*, F. Kiefer in: Arch. Balaton., *v.* 1 p. 412 f. 33—35 | 1927 *C. strenuus* forma *furcifer*, Koźmiński in: Bull. Ac. Cracovie, Suppl. *v.* 1 p. 72 f. 14.

Dem *C. strenuus* nahestehend. Aber: letztes Thoraxsegm. stärker in Spitzen ausgezogen, auf der Unterseite jederseits mit hyalinem Vorsprung; Furcaläste wenig gespreizt, 7—8mal so lang wie breit; medialste Endborste wenig länger als die laterale. Vorderantennen den Cephalothorax nicht viel überragend. Dornformel 2 • 3 • 3 • 3. Rec. sem. langoval, hinterer Rand eingebuchtet. ♂ Furcaläste bedeutend kürzer. — L. ♀ 1,7—1,9 mm, ♂ 1,2 mm.

Schweden, England, Frankreich, Rußland, Ungarn, Deutschland.

5. **C. (C.) scutifer** O. Sars 1863 *C. s.*, G. O. Sars in: Forh. Selsk. Christian. (Aar 1862), p. 237 | 1912 *C. strenuus* (non S. Fischer), C. D. Marsh in: P. U. S. Mus., *v.* 42 p. 249 f. 1—14 | 1913 *C. scutifer*, G. O. Sars, Crust. Norway, *v.* 6 p. 36 t. 19 | 1927 *C. s.* (mit forma *wigrensis*), Koźmiński in: Bull. Ac. Cracovie, Suppl. *v.* 1 p. 68 f. 9, 10, 16.

Ziemlich schlanke Form. 4. und 5. Thoraxsegm. jederseits in starke spitze Flügel ausgezogen. Gensegm. vorn sehr breit, nach hinten gleichmäßig schmaler werdend. Furcaläste ungefähr 4mal so lang wie breit, wenig gespreizt, an der Basis etwas entfernt voneinander; dorsal mit feiner Chitinleiste, Medialrand behaart; Seitenborste etwa zu Beginn des letzten Drittels. Endborsten unter sich sehr längenverschieden, die medialste etwas mehr als doppelt so lang wie die lateralste. Die 1. Antennen 17gldr., über den Hinterrand des 2. Thoraxsegm. reichend. Dornformel 3 • 4 • 3 • 3. Medialer Enddorn am Endgl. des $Enp._4$ so lang wie das Gl. oder etwas länger, lateraler nur $^1/_3$ davon. P_5 dem von *C. strenuus* (nr. 1) sehr ähnlich. Rec. sem. länglich-oval. Spermatophoren so am Genporus befestigt, daß sie schräg nach hinten lateral gerichtet sind. Eierballen klein, rund, wenig Eier enthaltend. — L. ♀ 1,2—1,4 mm, ♂ 1,1 mm.

Schweden, Norwegen, Halbinsel Kola, Mittelrußland, nördliches Ostsibirien, Nowaja Semlja.

6. **C. (C.) vicinus** Ulj. 1875 *C. v.*, Uljanin in: Nachr. Ges. Moskau, *v.* 11 pars 6 p. 30 t. 10 f. 1—7 | 1878 *C. pulchellus* (non C. L. Koch), G. S. Brady, Cop. Brit. Isl., *v.* 1 p. 104 t. 19 f. 1—7 | 1892 *C. strenuus* (part.), Schmeil in: Bibl. zool., pars 11 p. 39 t. 2 f. 12—15 | 1894 *C s.* var. *vicina*, Frič & Vávra in: Arch. Landesdf. Böhmen, *v.* 9 p. 57 | 1905 *C. s.* var. *vicinus*, Douwe in: Zool. Jahrb., Syst. *v.* 22 p. 682 | 1913 *C. v.*, G. O. Sars, Crust. Norway, *v.* 6 p. 37 t. 20 | 1927 *C. v.*, Koźmiński in: Bull. Ac. Cracovie, Suppl. *v.* 1 p. 69 f. 7, 8, 17.

Robuste Form. 2.—5. Thoraxsegm. ähnlich wie bei *C. scutifer* (nr. 5). Gensegm. etwas schlanker als bei dieser Art. Furcaläste ungefähr 7 mal so lang wie breit, mäßig gespreizt, dorsal mit gut entwickelter Chitinleiste, Medialrand behaart, Seitenborste sehr nahe dem Ende. Medialste Endborste mehr als doppelt so lang wie die lateralste, nur wenig kürzer als die laterale mittlere und diese wieder fast so lang wie die mediale mittlere. Die 1. Antennen 17 gldr., etwa nur zur Mitte des 2. Thoraxsegm. reichend. Dornformel 2 • 3 • 3 • 3. Medialer Apikaldorn am Endgl. des Enp.$_4$ kürzer als das Gl., etwas mehr als doppelt so lang wie der laterale. P_5 und Rec. sem. dem des *C. scutifer* sehr ähnlich. — L. ♀ 1,7 mm durchschnittlich.

Europa (z. B. Schweden, Norwegen, England, Deutschland, Polen); Asien (ist sicher sehr oft mit *C. strenuus* s. str. zusammengeworfen worden).

7. **C. (C.) insignis** Cls. 1857 *C. i.*, C. Claus in: Arch. Naturg., *v.* 23 I p. 209 t. 11 f. 8—13 | 1892 *C. i.*, Schmeil in: Bibl. zool., pars 11 p. 51 t. 2 f 16—19, t. 8 f. 15 | 1913 *C i.*, G. O. Sars, Crust. Norway, *v.* 6 p. 39 t. 21.

Vorderkörper nach hinten allmählich verschmälert; hintere Ecken des 3. Thoraxsegm. nicht vorgezogen, 4. Segm. jederseits scharf zugespitzt. Gensegm. proximal stark aufgetrieben, unterhalb der Mitte plötzlich verengt. Furcaläste schlank, fast parallel, 8 mal so lang wie breit, dorsal mit Chitinleiste, Medialrand behaart, Seitenborste nahe dem Ende. Medialste Endborste wenig länger als die lateralste, beide kurz; die 2 mittleren unter sich wenig längenverschieden. Die 1. Antennen 14 gldr., etwa zur Mitte des 2. Thoraxsegm. reichend. P_1—P_4 mit 3 gldr. Ästen. Dornformel 2 • 3 • 3 • 3. Lateraler Enddorn am Endgl. des Enp.$_4$ mehr als halb so lang wie der mediale. P_5 sehr ähnlich dem des *C. strenuus*. Rec. sem. sehr breit, fast nur im vorderen Abschnitt des Segm. liegend, nach hinten stark verschmälert. Spermatophoren im rechten Winkel zur Längsachse des Körpers angeheftet. Eierballen groß, viele Eier, ziemlich dicht am Abd. liegend. Genklappen des ♂ mit 3 Anhängen versehen, 1 kürzeren Dorn und 2 längeren Borsten, von denen die laterale länger ist als das 2. Abdsegm. — L. ♀ durchschnittlich 2,5 mm.

Europa (Schweden, Norwegen, Dänemark, Deutschland, Polen, Rußland, Schweiz, Österreich, Tschechoslowakei).

b) Subgen. **Megacyclops** Kiefer

1927 *Cyclops (M.)*, F. Kiefer in: Zool. Anz., *v.* 73 p. 305 | 1928 *C. (M.)*, F. Kiefer in: Zool. Jahrb., Syst. *v.* 54 p. 545.

5. Füßchen 2 gldr.; Grundgl. sehr breit, Endgl. in der Mitte des Medialrandes mit sehr kleinem Dörnchen (Fig. 17 a). Furcaläste ohne dorsalen Längskiel, Medialrand behaart. Rec. sem. ähnlich dem von *C. insignis*. 1. Antennen des ♀ sind kurz, 17 gldr.; Endgl. ohne hyalinen Hautsaum. Die Endgl. von Exp.$_1$—Exp.$_4$ tragen außer den Dornen je noch 4 Borsten.

Typus: *C. (M.) viridis* (Jur.).

3 Arten (nr. 8—10)[1]).

[1]) Dazu noch *C. (M.) Donnaldsoni* Chapp. — vgl. „Nachtrag" p. 89.

8. **C. (M.) viridis** (Jur.) 1820 *Monoculus quadricornis* var. *viridis*, Jurine, Hist. Monocles, p. 46 t. 3 f. 1 | 1851 *Cyclops v.*, S. Fischer in: Bull. Soc. Moscou, *v.* 24 II p. 412 t. 9 f. 1—11 | 1857 *C. brevicornis* (non Nicolet), C. Claus in: Arch. Naturg., *v.* 23 I p. 32 t. 3 f. 12—17 | ? 1866 *C serratus*, Pratz, Grundw.-Thiere, p. 59 t. 4 f. 37—42 1871 *C. clausi* (nec Lubbock nec Poggenpol), Cam. Heller in: Ber. Ver. Innsbruck, *v.* 1 p. 73 tf. 1, 2 (= *C. viridis* juv.) | ? 1875 *C. kaufmanni*, Uljanin in: Nachr. Ges. Moskau, *v.* 11 pars 6 p. 38 t. 12 f. 2—4 | ? 1875 *C. brevicornis* Cls. var *(C. vincens)*, Schmankewitsch in: Sapiski Nowoross. Obschtsch., *v.* 3 p. 66, 72 t. 1 f. 12—14, 14b | ? 1887 *C. pogenpoli* (juv.), Sowinsky in: Mém. Soc. Kiew, *v.* 8 fasc. 2 Protok. p. 26 t. 8 f. 8 | 1892 *C. viridis*, Schmeil in: Bibl. zool., pars 11 p. 97 t. 8 f. 12—14 | 1895 *C. v.* subp. *europaeus*, C. L. Herrick in: Rep. geol. Surv. Minnesota, Zool. ser. 2 part 1 p. 90 | 1901 *C v.*, Lilljeborg in: Svenska Ak. Handl., *v.* 35 nr. 4 p. 8 t. 1 f. 6—11 | 1918 *C. vulgaris*, G. O. Sars, Crust. Norway, *v.* 6 p. 40 t. 22 | 1925 *C. teres*, Ch. B. Wilson in: P. U. S. Mus., *v.* 64 pars 17 p. 17.

Kräftig gebaut, 5. Thoraxsegm. mit seitlichen Spitzen. Hinterränder der Abdsegm. oft sehr kräftig ausgezackt; Furcaläste kurz, meist weniger als 4 mal so lang wie breit; Medialrand behaart, Lateralrandborste nahe dem Ende; medialste Endborste über doppelt so lang wie die lateralste. Die 1. Antennen ♀ 17 gldr., zum Hinterrand des Cephalothorax reichend. Äste der Schwimm-

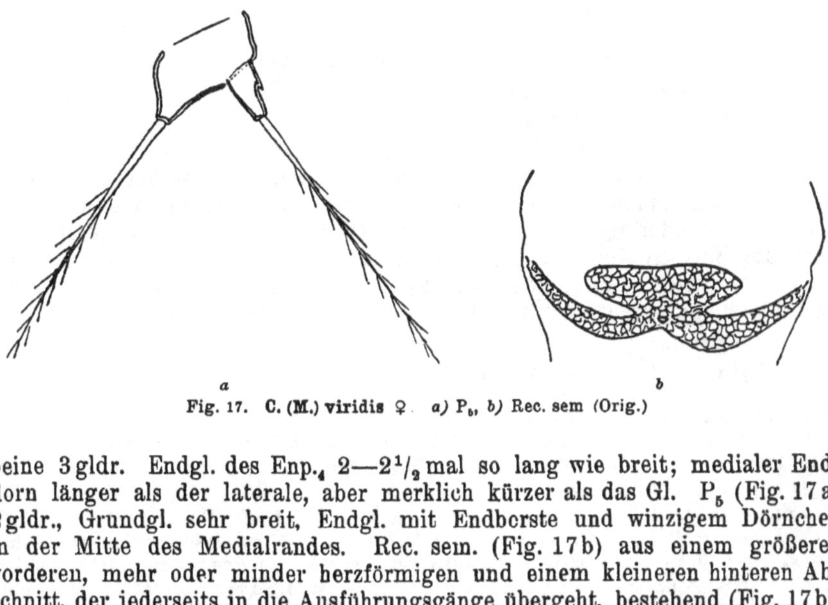

Fig. 17. C. (M.) viridis ♀ *a)* P_5, *b)* Rec. sem (Orig.)

beine 3 gldr. Endgl. des $Enp._4$ 2—2½ mal so lang wie breit; medialer Enddorn länger als der laterale, aber merklich kürzer als das Gl. P_5 (Fig. 17a) 2 gldr., Grundgl. sehr breit, Endgl. mit Endborste und winzigem Dörnchen in der Mitte des Medialrandes. Rec. sem. (Fig. 17b) aus einem größeren vorderen, mehr oder minder herzförmigen und einem kleineren hinteren Abschnitt, der jederseits in die Ausführungsgänge übergeht, bestehend (Fig. 17b). Eierballen groß, vom Abd. abstehend. — L. ♀ 1,5—25 mm, ♂ kleiner.

In kleinen und großen Gewässern, in diesen aber nie euplanktisch.

Europa, Nordafrika, Asien, Nordamerika.

9. **C. (M.) gigas** Cls. 1857 *C g.*, C. Claus in: Arch. Naturg., *v.* 23 I p. 207 t. 11 f. 1—5 | 1882 *C. ingens*, C. L. Herrick in: Rep. geol. Surv. Minnesota, *v.* 10 p. 228 t. 4 f. 1—8 | 1884 *C. viridis* var. *ingens*, C. L. Herrick, ibid. *v.* 12 p. 145 t. Q³ f. 1—8 | 1888 *C. v* var. *gigas*, Šoštarić in: Rad Jugoslav. Ak., *v.* 92 p. 64 t. 1 f. 7 | 1892 *C. v.* (part.), Schmeil in: Bibl. zool., pars 11 p. 97 | 1895 *C. v.* var. *ingens*, C. L. Herrick in. Rep. geol. Surv. Minnesota, Zool. ser. 2 part 1 p. 92 t. 25 f. 1—8 | ? 1899 *C. v.* var. *caecus*, Hofer in: Schr. Ver. Bodensee, fasc. 28 p. 14 | 1913 *C. gigas*, G. O. Sars, Crust. Norway,

v. 6 p. 41 t. 23 | ? 1920 *C. magnus*, C. D. Marsh in: Rep. Canad. Arct. Exp., *v.* 7 part J p. 8 t. 3 f. 11, 12, 14 t. 4 f. 1, 5 | ? 1922 *C. viridis* var. *pelagica*, Lint in: Int. Rev. Hydrob., *v.* 10 p. 80 t. 4 f. 8.

Dem *C. viridis* (nr. 1) sehr nahe stehend; aber: Furcaläste gestreckter, bis 5mal so lang wie breit; medialste Endborste wenig länger als die lateralste; das Endgl. des Enp.$_4$ etwas schlanker und seine Enddornen im Verhältnis zum Gl. ein wenig länger. — L. ♀ durchschnittlich nicht oder wenig über 2 mm; im einzelnen sehr schwankend.

Lebt u. a. in der Tiefe großer Seen.

Europa; Ostasien; Nordafrika (ohne Zweifel meist mit *C. viridis* zusammengeworfen).

10. **C. (M.) latipes** Lowndes 1927 *C. l.*, Lowndes in: Ann. nat. Hist., ser. 9 *v.* 19 p. 266 f. 1—4.

Dem *C. viridis* und *C. gigas* ähnlich. Furcaläste $5^1/_2$mal so lang wie breit, Medialrand behaart; medialste Endborste um die Hälfte länger als die laterale. Die 1. Antennen ♀ 17gldr., Äste der Schwimmbeine 3gldr., Endgl. des Enp.$_4$ gedrungen, nicht ganz doppelt so lang wie breit; medialer Enddorn etwas länger als der laterale, aber kürzer als das Gl. — L. ♀ 1,9 mm.

England.

c) Subgen. **Acanthocyclops** Kiefer

1927 *Cyclops (A.)*, F. Kiefer in: Zool. Anz., *v.* 73 p. 305 | 1928 *C. (A.)*, F. Kiefer in: Zool. Jahrb., Syst. *v.* 54 p. 545.

5. Füßchen 2gldr.; Grundgl. nur bei einigen Arten stark verbreitert; das Endgl. besitzt außer der Endborste noch einen meist kräftigen Dorn, der dem Medialrande angehört, aber stets oberhalb der Randmitte, der Spitze des Gl. mehr oder weniger genähert sitzt (Fig. 18a). Rec. sem. im Bauplan dem der vorigen Untergattung einigermaßen ähnlich. Borstenformel der Endgl. von Exp.$_1$—Exp.$_4$ teils 4 • 4 • 4 • 4, teils 5 • 5 • 5 • 5. Die Analopercula sind bei einigen Arten deutlich stärker als „normal" entwickelt.

11 Arten (nr. 11—21).

Typus: *C. (A.) vernalis* S. Fisch.

11. **C. (A.) vernalis** S. Fisch. 1853 *C. v.*, S. Fischer in: Bull. Soc. Moscou, *v.* 26 I p. 90 t. 3 f. 1—5 | 1863 *C. lucidulus* (? C. L. Koch), G. O. Sars in: Forh. Selsk. Christian. (Aar 1862), p. 245 | 1863 *C. elongatus*, C. Claus, Freileb. Cop., p. 97 t. 11 f. 1, 2 | 1882 *C. parcus*, C. L. Herrick in: Rep. geol. Surv. Minnesota, *v.* 10 p. 229 t. 4 f. 1—8 | 1892 *C. vernalis*, Schmeil in: Bibl. zool., pars 11 p. 88 t. 2 f. 4—7 | 1893 *C. v.* var. *aculeata*, Mrázek in: SB. Böhm. Ges., nr. 8 p. 30 t. 6 f. 2 | 1913 *C. lucidulus*, G. O. Sars, Crust. Norway, *v.* 6 p. 44 t. 25 | 1914 *C. vernalis* var. *ornatus*, Jungmayer in: Math. termész. Közlem., *v.* 33 p. 68 f. 17a—c | 1926 *C. v.* (mit den var. *ambigua*, *infesta* und *aculeata*), Thallwitz in: Arch. Hydrob. Planktonk., *v.* 17 p. 366 f. 4, 6—8, 15—19.

Ziemlich schlank; Ecken des 4. und 5. Thoraxsegm. in seitliche Spitzen ausgezogen. Gensegm. vorn breit, nach hinten stark verschmälert. Furcaläste rund 5mal so lang wie breit, Seitenborste weit dem Ende zu eingelenkt, medialste Endborste länger als die lateralste; die beiden mittleren lang; Medialrand der Furcaläste kahl. Die 1. Antennen ♀ meist 17gldr., bisweilen 18gldr. (= forma *elongata* Cls.), zum Hinterrand des Cephalothorax reichend. Äste der Schwimmbeine 3gldr., Dornformel 2 • 3 • 3 • 3. Endgl. des Enp.$_4$ etwas mehr als doppelt so lang wie breit, die beiden Enddornen gleich lang oder der laterale etwas länger als der mediale, aber beträchtlich kürzer als das Gl. P$_5$ (Fig. 18a) 2gldr., Grundgl. breit, Endgl. mäßig schlank, mit

1 Endlborste und 1 nahe der Spitze eingelenkten Medialranddorn. Rec. sem. (Fig. 18b) einfach, in der Hauptsache aus einem querovalen vorderen Teil bestehend. Eierballen groß, bis 100 Eier in 1 Ballen, wenig oder gar nicht vom Abd. abstehend. — L. ♀ 1,2—1,7 mm, ♂ 1—1,2 mm.

In kleinen und großen Gewässern, aber nie euplanktisch.

Europa, Asien, Nordafrika, Amerika.

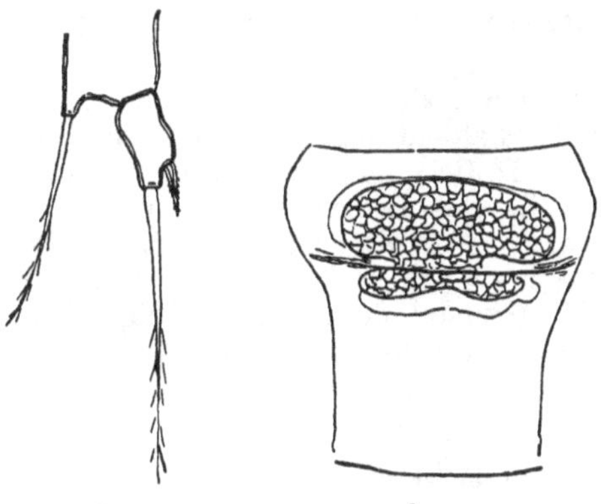

a b

Fig. 18. **C. (A.) vernalis** ♀. *a)* P_5, *b)* Rec. sem. (Orig.).

12. **C. (A.) robustus** O. Sars 1863 *C. r.*, G. O. Sars in: Forh. Selsk. Christian. (Aar 1862), p. 245 | 1884 *C. brevispinosus*, C L. Herrick in: Rep. geol. Surv. Minnesota, *v.* 12 p. 148 t. S f. 7—12 | 1892 *C. vernalis* (part.), Schmeil in: Bibl. zool., pars 11 p. 88 | 1893 *C. americanus*, C. D. Marsh in: Tr. Wisconsin Ac., *v.* 9 p. 202 t. 4 f. 8—10 | 1909 *C viridis* var. *brevispinosus*, C. D. Marsh, ibid. *v.* 16 p. 1075 t. 79 f. 1 | 1909 *C. v.* var. *americanus*, C. D. Marsh, ibid. p. 1076 t. 72 f. 7, t. 74 f. 2, t. 79 f. 6 | 1913 *C. vernalis* (part.), G O. Sars, Crust. Norway, *v.* 6 p. 44 t. 25 f. p¹re var, p²re var, p⁴re var | 1913 *C. robustus*, G. O. Sars, ibid. *v.* 6 p. 45 t. 26 | ? 1914 *C viridis* var. *dives*, M. Jungmayer in: Math. termész. Közlem., *v.* 33 p. 61 f. 14a—c | 1922 *C. vernalis* var. *robustus*, Rylov in: Annuaire Mus. Petrograd, *v.* 23 p. 50 | 1926 *C. v.* var. *tetracantha* + *C. v.* var. *t.* forma *robusta*, F. Kiefer in: Arch. Hydrob. Planktonk., *v.* 16 p. 504 f. 16—19 | 1926 *C. robustus* + var. *setiger, saxonica, aphanes, armata*, Thallwitz, ibid. *v.* 17 p. 366 f. 1—3, 5, 9 bis 14 | 1926 *C. americanus*, Lowndes in: Ann. nat. Hist., ser. 9 *v.* 17 p. 616 f. 1, 2 | 1926 *C. lucidulus* (non G. O. Sars) (part.?), Lowndes in: Rep. Marlbor. Soc., nr. 74 p. 82 f. 11 | 1928 *C. americanus*, Lowndes in: Int. Rev. Hydrob., *v.* 19 p. 12 f. 1—8.

Dem *C. vernalis* (nr. 1) außerordentlich nahe stehend; aber Grundgl. des P_5 etwas breiter, Endgl. weniger schlank; Dornformel 3 • 4 • 4 • 4.

Europa; Asien; Nord- und Südamerika.

13. **C. (A.) lobulosus** Ekman 1905 *C. l.*, Ekman in: Ergeb. Schwed. Südp.-Exp, *v.* 5 (Cladoc. u. Copepod.) p. 27 t. 3 f. 22—24.

♀ Körper plump. Thoraxsegm. seitlich durch breite Ausbuchtungen voneinander getrennt; letztes Thoraxsegm. groß. Gensegm. ungewöhnlich plump, nach hinten kaum verschmälert. Furcaläste parallel, etwa 3 mal so lang wie breit. Seitenborste distal von der Mitte des Lateralrandes; medialste Endborste viel länger als die lateralste. Die 1. Antennen 12 gldr., den Hinterrand des Cephalothorax nicht erreichend. Äste vom P_1—P_4 3 gldr. Der Enddorn am Endgl. des $Enp._1$ gerade; die beiden Apikaldornen am Endgl. des $Enp._4$ gleich lang. Am P_5 das Grundgl. mehrmals breiter als das Endgl., dieses apikal mit Borste und kurzem Dorn bewehrt. Rec. sem. unbekannt. Eierballen mit zahlreichen Eiern, reichen gewöhnlich über die Furcalspitzen hinaus. ♂ schlanker. Gensegm. stark aufgetrieben, viel breiter als die folgenden Abdsegm. Klappen des Gensegm. jederseits mit drei ziemlich langen Anhängen bewehrt. — L. ♀ 0,93—1,18 mm.

Südamerika (Feuerland, Falklandinseln).

14. **C. (A.) phreaticus** Chapp. 1928 *C. p.*, Chappuis in: Bull. Soc. Cluj, *v.* 4 p. 20 f. 1—4.

Analoperculum etwas stärker als normal entwickelt; Furcaläste $3^1/_2$ mal so lang wie breit, Medialrand kahl. Lateralrandborste etwas unterhalb des Beginnes des letzten Drittels sitzend; medialste Endborste $2^1/_2$ mal so lang wie die lateralste. Die 1. Antennen 12 gldr., nicht über den Hinterrand des Cephalothorax ragend. Äste der Schwimmbeine 3 gldr. Endgl. des $Enp._4$ doppelt so lang wie breit, die beiden Enddornen nahezu gleich lang, $^3/_4$ mal so lang wie das Gl. Grundgl. des P_5 breit, Endgl. ähnlich wie bei *C. vernalis* bewehrt. Rec. sem. ähnlich dem des *C. capillatus* (nr. 20). Eierballen und ♂ unbekannt. — L. ♀ 0,85 mm.

Unterirdisch.

Rumänien (Brunnen in Babadag).

15. **C. (A.) muscicola** Lastotschkin 1924 *C. muscicolus*, Lastotschkin in: Bull. Inst. hydrol. Russie, nr. 9 p. 4 f. 1—3.

Furcaläste mittellang, länger als die 2 letzten Abdsegm. Seitenborste etwas unterhalb der Mitte des Lateralrandes; medialste Endborste doppelt so lang wie die lateralste. 1. Antenne ♀ 12—13 gldr., nicht über den Hinterrand des Cephalothorax hinausreichend. Endgl. des $Enp._4$ mit 2 etwa gleich langen, von breiten hyalinen gezähnelten Membranen umsäumten Dornen bewehrt. Grundgl. des P_5 breit, Endgl. mit Endborste und kräftigem Medialdörnchen versehen. Rec. sem. dem des *C. vernalis* (nr. 11) ähnlich. — L. ♀ 0,9—1 mm.

Rußland (Sphagnum-Moore bei Iwanow-Vosnesensk).

16. **C. (A.) Michaelseni** Mrázek 1901 *C. m.*, Mrázek in: Ergeb. Hamburg. Magalh. Sammelr., *v.* 2 Süßw. Cop. p. 17 t. 4 f. 57—60.

Furcaläste ziemlich kurz, etwas gespreizt, Seitenborste ein wenig unterhalb der Mitte; medialste Endborste bedeutend länger als die lateralste. Die 1. Antennen 11 gldr., den Cephalothorax nicht überragend; unterer Rand des Maxillipeden mit einigen Einkerbungen (nicht Perlung wie bei *Mesocyclops Leuckarti!*). Äste vom P_1—P_4 3 gldr. Bewehrung des $Enp._4$? P_5 dem des *C. vernalis* (nr. 11) einigermaßen ähnlich, Dorn medial am Endgl. aber etwas länger. Rec. sem. quer, aus einem größeren Vorderteil mit erhabenem Rand und einem schmaleren Hinterteil mit eingebuchtetem Rande bestehend. Eierballen? — L. ?. Erst 2 ♀♀ bekannt.

Falklandinseln.

17. **C. (A.) Kieferi** Chapp. 1925 *C. k.*, Chappuis in: Bull. Soc. Cluj, *v.* 2 p. 159 f. 1—3 | 1926 *C. k.*, F. Kiefer in: Zool. Anz., *v.* 67 p. 103 f. 1—5.

Körper dorso-ventral etwas abgeplattet. Gensegm. vorn breit, Abd. nach hinten ziemlich stark verjüngt. Analoperculum mäßig entwickelt, etwa trapezförmig, freier Rand schwach konkav, glatt. Furcaläste kaum 2 mal so lang wie breit, ein wenig gespreizt; Seitenborste zu Beginn des letzten Drittels des Lateralrandes; von den Endborsten nur die beiden mittleren gut entwickelt; die medialste, feine kürzer als die lateralste, dornähnliche. Die 1. Antennen 11gldr. Äste vom P_1—P_4 3gldr., alle Gl. gedrungen, die Dornen kurz; am Endgl. vom $Enp._4$ der mediale Apikaldorn so lang wie das Gl. und etwa doppelt so lang wie der laterale. P_5 2gldr., Grundgl. breit, Endgl. gleicht dem von *C. vernalis* (nr. 11), das Dörnchen medial aber kleiner. Rec. sem. queroval. Eierballen? Auge groß. ♂ nicht bekannt. — L. ♀ 0,6 mm.

Unterirdisch

Rumänien (unterirdische Gewässer von Cluj); Deutschland (Höhle im Siebengebirge).

18. **C. (A.) reductus** Chapp. 1925 *C. r.*, Chappuis in: Bull. Soc. Cluj, *v.* 2 p. 161 f. 4—6.

Dem *C. Kieferi* (nr. 17) sehr nahestehend. Aber: Analoperculum stärker ausgebildet, über den Hinterrand des letzten Abdsegm. reichend, bogig, glatt. $Enp._1$—$Enp._3$ 2gldr., die übrigen Äste 3gldr., die Apikaldornen am Endgl. vom $Enp._4$ länger. Das Grundgl. des P_5 etwas schmaler. Rec. sem., Eierballen und ♂ nicht bekannt. — L. ?

Rumänien (unterirdische Gewässer von Cluj).

19. **C. (A.) venustus** Norm. & T. Scott 1906 *C. v.*, A. M. Norman & T Scott, Crust. Devon Cornwall, p. 169 | 1908 *C. crinitus*, E. Graeter in: Zool. Anz., *v.* 33 p. 45 f. 1—3 | 1910 *C. c.*, E. Graeter in: Arch. Hydrob. Planktonk., *v.* 6 p. 36 t. 1 f. 3, 4, t. 2 f. 5 Textf. 16, 17 | 1922 *C. c.*, Chappuis in: Arch. Hydrob. Planktonk., *v.* 14 p. 24 | 1923 *C. venustus*, R. Gurney in: J. Linn. Soc. London, *v.* 35 p. 437 | 1928 *C. v.*, Klie in: Zool. Anz., *v.* 78 p. 62 f. 1, 2.

Vorderkörper verhältnismäßig breit. Abdsegm.-Hinterränder ausgezackt. Gensegm. vorn sehr breit, nach hinten stark verschmälert. Furcaläste mäßig lang, rund 3mal so lang wie breit, zu Beginn des letzten Drittels sitzt die Seitenborste; Medialrand mit 3—4 Gruppen von Haaren. Medialste Endborste mehr als doppelt so lang wie die lateralste; die beiden mittleren von außergewöhnlicher Länge, die längste nur wenig kürzer als der ganze Körper. Die 1. Antennen 12gldr., nicht ganz zum Hinterrand des Cephalothorax reichend. Äste der Schwimmbeine 3gldr. Endgl. des $Enp._4$ doppelt so lang wie breit, die beiden Enddornen etwa gleich lang, kürzer als das Gl. Dornformel 3·4·4·4. P_5 2gldr., ähnlich dem von *C. viridis* (nr. 8), jedoch Dörnchen medial größer und vom Gl. abgesetzt. Rec. sem. ebenfalls dem von *C. viridis* einigermaßen ähnlich, je nach dem Grad der Füllung jedoch sein Aussehen ändernd. Eierballen? ♂ nicht näher beschrieben. — L. ♀ etwa 1,3 mm, längste Endborste 0,86—0,91 mm.

Unterirdisch und in Taggewässern.

Großbritannien, Schweiz (Höhlen, Brunnen), Deutschland (Wollingster See bei Bremerhaven).

20. **C. (A.) capillatus** O Sars 1863 *C. c.*, G. O. Sars in: Forh. Selsk. Christian., (Aar 1862) p. 248 | 1901 *C. c*, Lilljeborg in: Svenska Ak. Handl., *v.* 35 nr. 4 p. 54 t. 4 f. 1—4 | 1913 *C. c.*, G O. Sars, Crust. Norway, *v.* 6 p. 43 t. 24 | 1920 *C. c.*, C. D. Marsh in: Rep. Canad. Arct. Exp, *v.* 7 part J p. 11 t. 4 f. 4, 6, 8—11.

Kräftiger gebaut als *C. vernalis.* Furca etwas kürzer, $4^1/_2$ mal so lang wie breit, Seitenborste fast in der Mitte. Die 1. Antennen ♀ nur 12gldr., etwa zum Hinterrand des Cephalothorax reichend; Äste vom P_1—P_4 3gldr. Dornformel 3·4·4·4; Endgl. der Äste gestreckter; Enddornen am Endgl. vom

Enp.$_4$ lang, der mediale merklich länger als der laterale; Endgl. vom P_5 kürzer, der Dorn kräftig. Rec. sem.: vorderer Hauptteil quer elliptisch, hinterer kleinerer Teil rundlich. Eierballen lang, abstehend. ♂: Genklappen mit 1 Dorn und 2 Borsten bewehrt, der Dorn ist kurz, die mittlere Borste doppelt so lang, die laterale Borste fast doppelt so lang wie die mittlere. — L. ♀ rund 1,8 mm, ♂ 1,12 mm.

Norwegen, Schweden, Rußland; Alaska.

21. **C. (A.) sensitivus** A. Graeter & Chapp. 1914 *C. s.*, A. Graeter & Chappuis in: Zool. Anz., *v.* 43 p. 507 f. 1—5.

Körper schlank. Gensegm. groß, in der vorderen Hälfte verbreitert. Furcaläste kurz, gespreizt, fast so lang wie die beiden letzten Abdsegm. Seitenborste in der Mitte des Lateralrandes stehend; Endborsten gespreizt, medialste doppelt so lang wie die lateralste. Die 1. Antennen 17gldr., zurückgeschlagen reichen sie nicht ganz bis zum Hinterrand des 2. Thoraxsegm., der Sinneskolben am 12. Gl. außergewöhnlich groß, so lang wie das 13. bis 15. Gl. zusammen. P_1—P_4 mit 3gldr. Ästen. P_5 2gldr., Grundgl. sehr breit, Endgl. apikal mit Borste; am Medialrand mit ziemlich langem gekrümmtem Dorn. Rec. sem. schmetterlingsförmig. Körper hyalin; das kleine dunkle Auge erscheint bei auffallendem Lichte weiß. ♂ nicht beschrieben. — L. ?

Ausgesprochenes Grundwassertier.

Schweiz (Brunnen bei Basel).

d) Subgen. **Diacyclops** Kiefer

1925 *Graeteriella* (part.), V. Brehm in: Arch. Hydrob. Planktonk., *v.* 16 p. 314 | 1927 *Cyclops (Diacyclops)*, F. Kiefer in: Zool. Anz., *v.* 73 p. 306 | 1928 *C. (D.)*, F. Kiefer in: Zool. Jahrb., Syst. *v.* 54 p. 546.

5. Füßchen 2- oder 1gldr., am Ende mit 1 Fiederborste und medial daneben mit 1 schlanken, zum Teil recht langen Dorn bewehrt (Fig. 19a). Beim Rec. sem. ist teils mehr die hintere Hälfte entwickelt (*bicuspidatus*-Gruppe), teils mehr der vordere Abschnitt (*languidus*-Gruppe). Schwimmfußäste 3gldr., 3- und 2gldr., oder nur 2gldr.

Typus: *C. (D.) bicuspidatus* Cls.

15 Arten (nr. 22—36)[1]), davon 3 mit je 1, 1 mit 2, 1 mit 7 Unterarten.

22. **C. (D.) bicuspidatus** Cls. 1857 *C. b.*, C. Claus in: Arch. Naturg., *v.* 231 p. 209 t. 11 f. 6, 7 | 1863 *C. pulchellus*, G. O. Sars in: Forh. Selsk. Christian. (Aar 1862), p. 246 | ? 1866 *C. subterraneus*, Pratz, Grundw.-Thiere, p. 57 t. 4 f. 31—36 | 1878 *C. insignis* (non Claus), G. S. Brady, Cop. Brit. Isl., *v.* 1 p. 108 t. 21 f. 1—9 | 1882 *C. entzi* und *C. roseus*, Daday in: Orv.-Termész. Értes. Erdél. Muz., *v.* 7 p. 220, 222 | ? 1882 *C. navus*, C. L. Herrick in: Rep. geol. Surv. Minnesota, *v.* 10 p. 229 t. 5 f. 6—13, 15—17 | 1883 *C. pectinatus*, C. L. Herrick in: Amer. Natural., *v.* 18 p. 499 t. 7 f. 25—28 | 1883 *C. gigas* (non C. Claus), G. M. Thomson in: Tr. N. Zealand Inst., *v.* 15 p. 96 t. 9 f. 8—10 | 1892 *C. bicuspidatus*, Schmeil in: Bibl. zool., pars 11 p. 75 t. 2 f. 1—3 | ? 1893 *C. minnilus* und *C. serratus* (non Pratz), S. A. Forbes in: Bull. U. S. Fish Comm., *v.* 11 p. 247 | ? 1895 *C. pulchellus* var. *navus*, C. L. Herrick in: Rep. geol. Surv. Minnesota, Zool. ser. 2 part 1 p. 102 | ? 1895 *C. forbesi*, C. L. Herrick, ibid. p. 104 | 1918 *C. pulchellus*, G. O. Sars, Crust. Norway, *v.* 6 p. 47 t. 27 | 1926 *C. p.* var. *symarthrus*, Lowndes in: Rep. Marlbor. Soc., nr. 74 p. 88 f. 7.

Mäßig schlank; letztes Thoraxsegm. seitlich nur schwach vorgezogen. Gensegm. nach hinten allmählich verschmälert. Furcaläste schlank, parallel,

[1]) Dazu noch *C. (D.) Jeanneli* Chapp. — vgl. „Nachtrag" p. 89.

bis 7 mal so lang wie breit. Seitenborste unterhalb der Mitte des Randes, einige feine Börstchen oder Dörnchen im 1. Drittel. Medialste und lateralste Endborste kurz, etwa gleich lang. Die 1. Antennen 17 gldr., meist nur bis zum Hinterrand des Cephalothorax reichend. Äste der Schwimmbeine 3 gldr. (bei der forma *symarthra* Lowndes durch Verschmelzen je der beiden Endgl. nur noch 2 gldr.), Dornformel 2•3•3•3, am Endgl. des $Enp._4$ ist der mediale

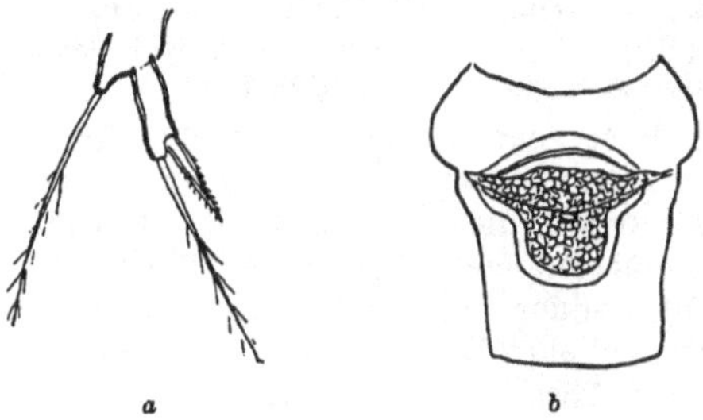

Fig. 19. **C. (D.) bicuspidatus** ♀. *a)* P_5, *b)* Rec. sem. (Orig.).

Apikaldorn bedeutend kürzer als der laterale. P_5 (Fig. 19a); Grundgl. etwa doppelt so breit wie das Endgl., dieses schmal, dreimal so lang wie breit; sein Medialranddorn schlank, lang, nahe dem Ende eingelenkt. Rec. sem. (Fig. 19b): der im vorderen Abschnitt des Segm. gelegene Teil breit, flach vorgewölbt, hinterer Teil sackartig. Eierballen lang, viele Eier enthaltend, stark abstehend. Genklappenbewehrung des ♂ aus 2 Borsten und 1 Dorn bestehend, die laterale Borste ist länger als das 2. Abdsegm. — Mittlere L. ♀ etwa 1,4 mm, ♂ 1,1 mm.

Ganz Europa; Syrien; Neuseeland; Nordamerika?

1 Unterart:

22a. **C. (D.) b. odessanus** Schmank. ? 1869 *C. lubbocki*, G. S. Brady in: Nat. Hist. Tr. Northumb., *v.* 3 p. 127 t. 4 f. 1—8 | 1875 *C. odessanus*, Schmankewitsch in: Sapiski Nowoross. Obschtsch., *v.* 3 p. 1 t. 1 f. 3—6. 18 | 1880 *C. helgolandicus*, H. Rehberg in: Zool. Anz., *v.* 3 p. 301 | 1892 *C. bicuspidatus* var. *odessanus*, Schmeil in: Bibl. zool., pars 11 p. 80 | 1904 *C. b.* var. *lubbockii*, R. Gurney in: Tr. Norfolk Soc., *v.* 7 p. 645 | 1913 *C. pulchellus* var., G. O. Sars, Crust. Norway, *v.* 6 p. 47 t. 27 f. a[1] var., F var.

1. Antennen ♀ nur 14 gldr. Furcaläste meist kürzer, ebenso die Gl. von P_1—P_5.

Salzhaltige Gewässer, kleine Süßwasseransammlungen. Von Schmankewitsch aus *C. bicuspidatus* typ. gezüchtet.

Deutschland, Frankreich, England, Skandinavien, Rußland, Böhmen, Krain; Nordafrika.

23. **C. (D.) Thomasi** S. Forb. 1882 *C. t.*, S. A. Forbes in: Amer. Natural., *v.* 16 p. 649 t. 9 f. 10, 11, 16 | ? 1882 *C. navus*, C. L. Herrick in: Rep. geol. Surv. Minnesota, *v.* 10 p. 229 t. 5 f. 6—13, 15—17 | 1909 *C. bicuspidatus* (non Claus), C. D. Marsh in: Tr. Wisconsin Ac., *v.* 16 p. 1078 t. 73 f. 1—11, t. 79 f. 11 | 1927 *C. thomasi*, F. Kiefer in: Zool. Anz., *v.* 72 p. 264 f. 3—5.

Dem *C. bicuspidatus* (nr. 22) sehr ähnlich; aber: 5. Thoraxsegm. in kleine seitliche Spitzen ausgezogen. Furcaläste rund 7 mal so lang wie breit, parallel, ihr Medialrand kahl, die Lateralrandborste entspringt nur wenig unterhalb von der Mitte; von den mittleren Endborsten ist die längere fast doppelt so lang wie die andere. Die 1. Antennen 17 gldr., zum Hinterrand des 2. Thoraxsegm. reichend. Endgl. des $Enp._4$ stark $3^1/_2$ mal so lang wie breit, der mediale Enddorn kurz, der laterale über doppelt so lang und so lang wie das Gl. Endgl. des P_5 2 mal so lang wie breit, mit Endborste und medialem langem Dorn bewehrt. Rec. sem. dem des *C. bicuspidatus* ähnlich. ♂ nicht näher beschrieben. — L. ♀ etwa 0,9 mm.

Nordamerika (wahrscheinlich meist mit *C. bicuspidatus* vermengt).

24. **C. (D.) bisetosus** Rehb. 1863 *C. bicuspidatus* (non Claus!), G. O. Sars in: Forh. Selsk. Christian. (Aar 1862), p. 247 | 1880 *C. bisetosus*, H. Rehberg in: Abh. Ver. Bremen, *v.* 6 p. 543 | 1892 *C. b.*, Schmeil in: Bibl. zool., pars 11 p. 94 t. 2 f. 8—11 | 1913 *C. b.*, G. O. Sars, Crust. Norway, *v.* 6 p. 48 t. 28.

Vorderkörper dorso-ventral etwas abgeflacht. Abd. nach hinten stark verjüngt. Furca fast wie bei *C. bicuspidatus* (nr. 22), aber etwas kürzer; medialste Endborste meist kürzer als die lateralste. Die 1. Antennen ♀ 17 gldr., den Cephalothorax wenig überragend. P_1—P_4 mit 3 gldr. Ästen. Am Endgl. vom $Enp._4$ ist der mediale Enddorn bedeutend länger als der laterale. P_5 dem des *C. bicuspidatus* sehr ähnlich. Rec. sem. (Fig. 20) zu fast gleichen Teilen im vorderen und hinteren Abschnitt des Segm. liegend, ungefähr kreisförmig, im vorderen Teil oft mit 2 hörnchenartigen Fortsätzen; rings von einem hellen Organe (Drüse?) umgeben. Eierballen wenig abstehend. Gensegm. ♂ breit; Bewehrung der Genklappen aus 3 Anhängen bestehend, von denen der Dorn kurz, die laterale Borste stark doppelt so lang ist (ungefähr so lang wie das 2. Abdsegm.). — L. ♀ 1—1,5 mm, ♂ 0,9—1 mm.

Eurytherme und euryhaline Art.

Europa; Asien (z. B. Kirgisensteppe, Sibirien); Neuseeland.

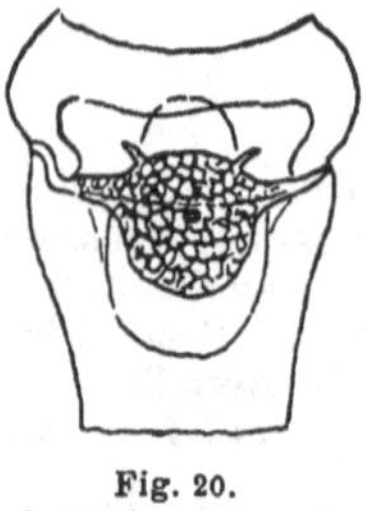

Fig. 20. C. (D.) bisetosus ♀. Rec. sem. (Orig.).

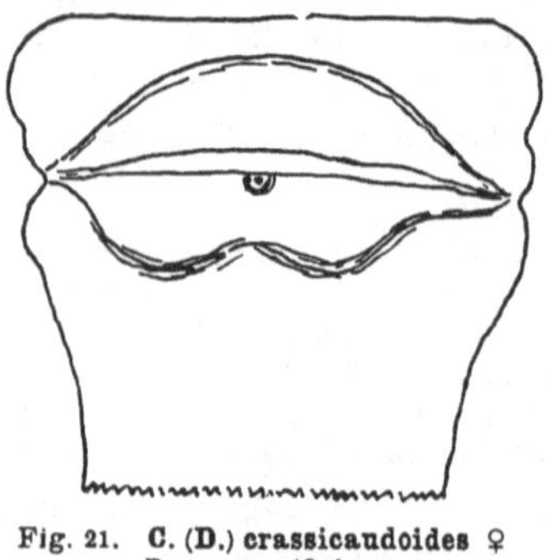

Fig. 21. C. (D.) crassicaudoides ♀ Rec. sem (Orig.).

25. **C. (D.) crassicaudoides** Kiefer 1928 *C. c.*, F. Kiefer in: Zool. Anz., *v.* 76 f. 5—8 | 1928 *C. c.*, F. Kiefer, ibid. *v.* 78 p. 169 f. 1.

Dem *C. bisetosus* (nr. 24) sehr nahe stehend. Aber: Gensegm. plump wie bei *C. crassicaudis* (nr. 26); medialer Enddorn des Endgl. vom $Enp._4$ verhältnismäßig etwas länger. Rec. sem.: Fig. 21. Eierballen und ♂ unbekannt. — L. ♀ rund 1 mm.

Neuseeland.

26. **C. (D.) crassicaudis** O. Sars 1863 *C. c.*, G. O. Sars in: Forh. Selsk. Christian., (Aar 1862) p. 249 | 1893 *C c.*, Mrázek in: SB. Böhm. Ges., nr. 8 p. 30 t 6 f. 1—8, t. 8 f. 15 | 1899 *C. brucei*, T Scott in: J. Linn. Soc. London, *v.* 27 p. 93 t. 6 f. 1—6 | 1903 *C. crassicaudis*, Douwe in: Zool. Anz., *v.* 26 p. 463 f. 1—3 | ?1912 *C. flexipes*, Kokubo in: Annot. zool. Jap., *v.* 8 p. 100 t. 2 f. 20—23 | 1913 *C. crassicaudis*, G O. Sars, Crust. Norway, *v.* 6 p. 49 t. 29 | 1923 *C c.*, F Kiefer in: Zool. Anz., *v.* 56 p. 283.

Vorderkörper breit; letztes Segm. seitlich in Spitzen ausgezogen. Abd. kurz, Gensegm. sehr plump, die anderen Segm. nach dem Ende zu stark verschmälert. Analoperculum groß, halbkreisförmig, glattrandig. Furcaläste denen von *C. bisetosus* (nr 24) ähnlich, 4,2—5 mal so lang wie breit; medialste Endborste meist etwas kürzer als die lateralste. Die 1. Antennen ♀ 12 gldr. etwa zum Hinterrand des Cephalothorax reichend. Äste vom P_1—P_4 3 gldr. Gl. und ihre Anhänge auffallend kurz. Endgl. des $Enp._4$ etwas länger als breit; medialer Enddorn viel länger als der laterale; mediale Wölbung des 2. Basp. vom P_2—P_4 mit hyalinen Dörnchen. Apikaldorn am Endgl. des $Enp._3$ ♂ flexibel, gewöhnlich nach der Mitte des Körpers gerichtet. P_5 dem von *C. bisetosus* sehr ähnlich. Hauptteil des Rec. sem. mit einem auffallenden, hellen, schlangenförmigen Organ (Drüse?) umgeben. Spermatophoren ungewöhnlich groß, daher Gensegm. ♂ stark aufgetrieben. Bewehrung der Genklappen: 1 kurzer Dorn und 2 Borsten, von denen die kürzere wenig länger ist als der Dorn, die längere aber doppelt so lang wie die mittlere. Eierballen groß, wenig abstehend. Farbe der Tiere milchigweiß. — L. ♀ 0,92 bis 1,12 mm; ♂ 0,78—0,90 mm.

Fast nur in kleinen und kleinsten, austrocknenden Gewässern.

Deutschland, Norwegen, Schweden, Finnland, Spitzbergen, Nordrußland, Böhmen, Dalmatien, Nordafrika, ? Japan.

2 Unterarten:

26a. **C. (D.) c. brachycercus** Kiefer 1927 *C. c. b.*, F. Kiefer in: Zool. Anz., *v.* 72 p. 263 f. 1, 2.

Furcaläste kurz, nur etwa 3, 2—3, 4 mal so lang wie breit; Endgl. des Enp_4 nur etwa so lang wie breit. Distale Medialrandborste am Endgl. des $Enp._3$ ♂ dornartig. — L. ♀ 0,72—0,86 mm

Nordamerika (nasses Moos aus der Umgebung von New York).

26b. **C. (D.) c. cretensis** Kiefer 1928 *C. crassicaudis cretensis*, F Kiefer in: Zool. Anz., *v.* 79 p. 245 f. 1—3.

Furcaläste 4—4,5 mal so lang wie breit. Endgl. des $Enp._4$ gestreckt, 1,56—1,65 mal so lang wie breit; der mediale Enddorn ist fast doppelt so lang wie der laterale und um 1/3 länger als das Gl. Distale Medialrandborste am Endgl. des $Enp._3$ ♂ normal. — L. ♀ 0,88—0,95 mm.

Höhle auf der Insel Kreta.

27. **C. (D.) languidus** O. Sars 1863 *C. l.*, G. O Sars in: Forh. Selsk. Christian. (Aar 1862), p. 249 | 1892 *C. l.*, Schmeil in: Bibl. zool., pars 11 p. 84 t. 3 f. 9—17 | 1901 *C. l.*, Lilljeborg in: Svenska Ak. Handl, *v.* 35 nr. 4 p. 59 t. 4 f. 8, 9 | 1913 *C. l*, G. O. Sars, Crust. Norway, *v.* 6 p. 50 t. 30 | 1922 *C. l.* forma *atava*, Thallwitz in: Zool. Anz., *v.* 54 p. 263 | 1926 *C. l.*, F. Kiefer in: Int. Rev. Hydrob., *v.* 14 p. 342 f. 1.

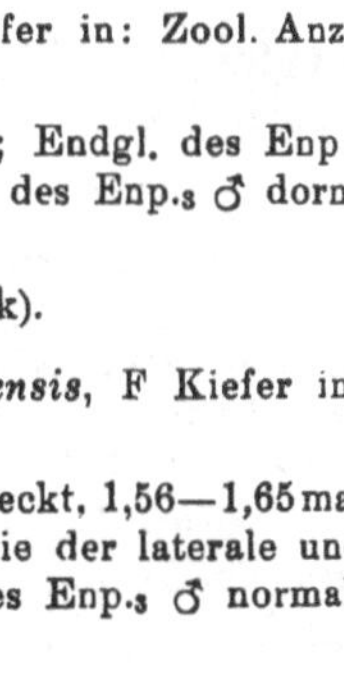

Fig. 22.
C. (D.) languidus ♀. Rec. sem. (Orig.).

Mäßig schlank. Letztes Thoraxsegm. jederseits in eine schwache Spitze vorgezogen. Gensegm. proximal breit, nach hinten schmaler werdend. Furcaläste nahezu parallel, rund 4,5 mal so lang wie breit. Seitenborste stets etwa zu Beginn des letzten Lateralranddrittels eingelenkt; nur die beiden mittleren Endborsten entwickelt, die medialste etwas kürzer oder so lang wie die lateralste. Die 1. Antennen 16 gldr., ungefähr zum Hinterrand des Cephalothorax reichend. $Exp._1$ und $Enp._1$ sowie $Enp._2$ 2 gldr., die übrigen Äste 3 gldr. oder selten alle Äste 3 gldr. (= forma *atava* Thallwitz). Die 2 Apikaldornen am Endgl. des $Enp._4$

kürzer als das Gl., unter sich meist genau gleich lang. P_5 dem von *C. bicuspidatus* (nr. 22) fast gleich. Der querovale Hauptteil des Rec. sem. (Fig. 22) im vorderen Abschnitt des Segm. gelegen; je nach dem Grad der Füllung mit Sperma erstreckt sich in den hinteren Abschnitt des Segm. ein weiterer Teil des Rec. sem. Eierballen oft recht umfangreich und etwas vom Abd. abstehend. — L. ♀ 0,9—1 mm, ♂ 0,7—0,8 mm.

Liebt Kleingewässer wie Tümpel, Moorlöcher u. ähnl.

Europa (verbreitet), Asien (z. B. Kleinasien?, Ceylon?, China, Japan).

1 Unterart:

27a. **C. (D.) l. disjunctus** Thallw. 1927 *C. l.* var. *disjuncta*, Thallwitz in: Zool. Anz., *v.* 71 p. 59 f 1, 2.

Furcaläste sehr kurz, nur etwa $2^1/_2$ mal so lang wie breit; Seitenborste unterhalb des Beginnes des letzten Drittels eingelenkt; Endgl. des $Enp._4$ verkürzt, 1,17 mal so lang wie breit; der mediale Enddorn ist ein klein wenig länger als der laterale, aber merklich kürzer als das Gl. — L. ♀ 0,7 mm, ♂ 0,55 mm.

Deutschland (Moos vom Ufer eines Teiches in Sachsen).

28 **C. (D.) languidoides** Lillj. 1901 *C l.*, Lilljeborg in: Svenska Ak. Handl., *v.* 35 nr. 4 p. 61 t. 4 f. 10—12 | 1917 *C. l.* (part.), Olofsson in: Zool. Bidr. Uppsala, *v.* 5 p. 278 t. 6 f. 3, 4 | 1922 *C. nanus* (part.), Chappuis in: Arch. Hydrob. Planktonk., *v.* 14 p. 26 | 1926 *C. languidoides*, F. Kiefer in: Int. Rev. Hydrob., *v.* 14 p. 344 f. 2a—c.

Dem *C. languidus* (nr. 27) nahe stehend. Aber: kleiner; 1. Antennen nur 11gldr., Endgl. vom $Enp._4$ gedrungener, der mediale Apikaldorn stets merklich länger als der laterale. — L. ♀ 0,72—0,75 mm.

Schweden, Nordrußland (Murmanküste), Schweiz (Quellen bei Basel).

7 Unterarten:

28a. **C. (D.) l. clandestinus** Kiefer 1922 *C. nanus* (part.), Chappuis in: Arch. Hydrob. Planktonk., *v.* 14 p. 32 | 1926 *C. languidoides clandestinus*, F. Kiefer in: Schr. Ver. Donaueschingen, *v.* 16 p. 276 f. 5—7 | 1926 *C. l. c.*, F. Kiefer in: Int. Rev. Hydrob., *v.* 14 p. 345 f. 3a, b.

Furcaläste kurz, nur etwas über 3mal so lang wie breit; Enddornen am Endgl. des $Enp._4$ absolut kürzer, der mediale auch noch relativ kürzer als bei der f. *typica*. — L. ♀ 0,8—0,9 mm.

Wasserleitung von Öfingen (Baden).

28b **C. (D.) l. eriophori** R. Gurn. 1927 *C. l. e.*, R. Gurney in: Ann. nat. Hist., ser. 9 *v.* 19 p. 503 f. 3a—k.

Gensegm. kurz und breit (nahezu so breit wie lang), Furcaläste stark gespreizt, $3—3^1/_2$ mal so lang wie breit; medialste Endborste halb so lang wie die lateralste. Endgl. des $Enp._4$ so breit wie lang; der mediale Enddorn so lang wie das Gl., etwas länger als der laterale. — L. ♀ 0,59—0,7 mm.

England (*Eriophorum*-Sumpf in Norfolk).

28c. **C. (D.) l. hypnicola** R. Gurn. 1927 *C. l. h.*, R. Gurney in: Ann. nat. Hist., ser. 9 *v.* 19 p. 501 f. 2a—d.

Gensegm. länger als die folgenden 3 Abdsegm. zusammen. Furcaläste sehr kurz, $2^1/_2$ mal so lang wie breit; die medialste Endborste etwas kürzer als die lateralste. Gl. der Schwimmbeine kurz; Endgl. des $Enp._4$ ganz wenig länger als breit; die Dornen gleich lang, kürzer als das Gl. Grundgl. des P_5 meist mit dem Thoraxsegm. verschmolzen. — L. ♀ 0,53 mm, ♂ 0,42 mm.

England (Moos eines Sumpfes in Norfolk).

28d. **C. (D.) l. Zschokkei** E. Graeter 1910 *C. z.*, E. Graeter in: Arch. Hydrob. Planktonk., *v.* 6 p. 42 t. 2 f. 6 Textfig. 18, 19 | 1922 *C. nanus* (part.), Chappuis ibid., *v.* 14 p. 26 | 1926 *C. languidoides zschokkei*, F. Kiefer in: Int. Rev. Hydrob., *v.* 14 p. 347 f. 4a, b.

Furcaläste kurz, 3,4mal so lang wie breit; medialste Endborste rund doppelt so lang wie die lateralste; Endgl. des $Enp._4$ $1^1/_2$mal so lang wie breit; der mediale Enddorn kürzer als das Gl., aber etwas länger als der laterale. Sehr hyalin, ohne sichtbares Auge.

Schweiz (Höhlen des Jura).

28e. **C. (D.) l. nagysalloënsis** Kiefer 1927 *C. l. n.*, F. Kiefer in: Zool. Anz., *v.* 71 p. 6 f. 1, 2.

Furcaläste des ♀ 5mal, des ♂ 4,5mal so lang wie breit; medialste und lateralste Endborste gleich lang. Gl. der Schwimmbeine gestreckt, Endgl. des $Enp._4$ $2^1/_2$mal so lang wie breit, der mediale Enddorn ist ein klein wenig länger als der laterale, aber etwas kürzer als das Gl.

Ungarn (Brunnen in Nagysalló).

28f. **C. (D.) l. putealis** Chapp. 1928 *C. l. p.*, Chappuis in: Bull. Soc. Cluj, *v.* 4 p. 21.

Furcaläste 6mal so lang wie breit; medialste Endborste etwas länger als die lateralste; Seitenrandborste zu Beginn des distalen Viertels; Endgl. des $Enp._4$ 1,7mal so lang wie breit; medialer Enddorn etwas länger als der laterale, aber kürzer als das Gl. — L. ♀ 0,72 mm.

Frankreich (Brunnen im Dep. de l'Ain).

28g. **C. (D.) l. hiberniae** R. Gurn. 1927 *C. languidus h.*, R. Gurney in: Ann. nat. Hist., ser. 9 *v.* 19 p. 498 f. 1a—e.

Furcaläste rund $5^1/_2$mal so lang wie breit; Lateralrandborste nahe dem Ende; Endgl. des $Enp._4$ so breit wie lang; medialer Enddorn um $^1/_3$ länger als der laterale und viel länger als das Gl. — L. ♀ 0,84—0,91, ♂ 0,72 mm.

Irland.

29. **C. (D.) nanus** O. Sars 1863 *C. n.*, G. O. Sars in: Forh. Selsk. Christian., (Aar 1862) p. 251 | 1896 *C. languidus* var. *n.*, Schmeil in: Bibl. zool., pars 21 p. 151 | 1901 *C. diaphanus* (part.), Lilljeborg in: Svenska Ak. Handl., *v.* 35 nr. 4 p. 63 t. 4 f. 13—15 | 1903 *C. d.* var. *diaphanoides*, A. Graeter in: Rev. Suisse Zool., *v.* 11 p. 535 t. 15 f. 11, 12, 24, 28 | 1913 *C. diaphanus* (part.), G. O. Sars, Crust. Norway, *v.* 6 p. 52 t. 31 | 1913 *C. languidoides* (non Lilljeborg), Klie in: Int. Rev. Hydrob., Biol. Suppl. 6 p. 6 | 1917 *C. l.* (part.), Olofsson in: Zool. Bidr. Uppsala, *v.* 5 p. 273 t. 6 f. 2, 5 | 1922 *C. diaphanus* (part.?), Rylov in: Annuaire Mus. Petrograd, *v.* 23 p. 58 f. 24—26 | 1922 *C. nanus* (part.), Chappuis in: Arch. Hydrob. Planktonk., *v.* 14 p. 26 | 1923 *C. languidus* var. *intermedia*, F. Kiefer in: Zool. Anz., *v.* 58 p. 278 | 1926 *C. nanus*. F. Kiefer in: Int Rev. Hydrob., *v.* 14 p. 348 f. 5a—e | 1927 *C. n.*, R. Gurney in: Ann. nat. Hist., ser. 9 *v.* 19 p. 504 f. 4a—c.

Dem *C. languidus* (nr. 27) und *C. languidoides* (nr. 28) nahestehend. Furcale Seitenborste stets in der Mitte des Lateralrandes. Die 1. Antennen 11gldr. Endgl. der Schwimmbeine gestreckter; am Endgl. vom $Enp._4$ sind die Apikaldornen lang, der mediale größer als der laterale. P_5 2gldr., Grundgl. entweder noch frei (f. *typica*) oder unter die Cuticula des 5. Thoraxsegm. verlagert (forma *diaphanoides*). — L. ♀ 0,66—0,9 mm.

Lebensweise ähnlich der des *C. languidus*.

Deutschland, Großbritannien, Schweden, Norwegen, Nordrußland, Böhmen, Schweiz, Rumänien.

1 Unterart:

29a. **C. (D.) n. incertus** E. Wolf 1905 *C. i.*, E. Wolf in: Zool. Jahrb., Syst. *v.* 22 p. 161 t. 8 f. 18a—c.

Wie *C. (D.) nanus*; aber Grundgl. des P_5 völlig vom Thoraxsegm aufgenommen, P_5 dadurch nur noch 1gldr.

Schwarzwald.

30. **C. (D.) abyssicola** Lillj. 1901 *C. a.*, Lilljeborg in: Svenska Ak. Handl., *v.* 35 nr. 4 p. 66 t. 4 f. 16—19 | 1918 *C. a.*, G. O. Sars, Crust. Norway, *v.* 6 p. 53 t. 32 | 1926 *C. a.*, F. Kiefer in: Int. Rev Hydrob., *v.* 14 p. 354 f. 6a—d.

Körper vergleichsweise kurz und dick. Gensegm. ungewöhnlich groß, länger als die 3 folgenden Abdsegm. und breiter als das letzte Thoraxsegm. Furcaläste parallel, 2,5—3mal so lang wie breit; Seitenborste etwa zu Beginn des letzten Lateralranddrittels; nur die beiden mittleren Endborsten entwickelt; die medialste kürzer als die lateralste. Die 1. Antennen sind kurz, dick, 10gldr. $Exp._1$ und $Enp._1$ sowie $Enp._2$ 2gldr., sonst 3gldr., am Lateralrand des Endgl. von $Enp._1$—$Enp._4$ statt der üblichen Borste je ein starker Dorn; die beiden Enddornen am Endgl. vom $Enp._4$ länger als das Gl., der mediale beträchtlich länger als der laterale. P_5 mehr oder weniger deutlich 2gldr., Bewehrung ähnlich wie bei *C. languidus* (nr. 27). Rec. sem. ähnlich dem des *C. languidus*, je nach dem Grad der Füllung mit Sperma im Aussehen etwas wechselnd. Eierballen klein. — L. ♀ 0,75—0,90 mm.

Schweden, Norwegen.

31. **C. (D.) stygius** Chapp. 1924 *C. s.*, Chappuis in: Bull. Soc. Cluj, *v.* 2 p. 27 f. 1, 2 | 1925 *C. s.* var. *deminutus*, Chappuis, ibid., *v.* 2 p. 162 | 1928 *C. s.*, F. Kiefer in: Zool. Jahrb., Syst. *v.* 54 p. 527 f. 40—45.

Körper ziemlich schlank, dorso-ventral abgeplattet, Trennung zwischen Vorder- und Hinterkörper undeutlich. Bogiges, unbewehrtes Analoperculum, besser entwickelt als bei *C. Racovitzai* (nr. 36), aber kleiner als bei *C. troglodytes* (nr. 35). Furcaläste gespreizt, stark doppelt so lang wie breit. Medialste Endborste klein, zart, lateralste doppelt so lang, stark, dornähnlich; die beiden mittleren allein gut entwickelt. Die 1. Antennen 11gldr., sehr ähnlich denen von *C. troglodytes*. $Exp._1$—$Exp._4$ 3gldr., $Enp._1$ und $Enp._2$ 2-, $Enp._3$ und $Enp._4$ 3gldr. (bei forma *deminuta* $Enp._1$—$Enp._3$ 2-, $Enp._4$ 3gldr.). P_5 2gldr., Endgl. klein, apikal mit 2 Anhängen: lateral 1 Borste und medial 1 fast eben so langer Dorn. Rec. sem. aus einem vorderen Hauptteil und einem hinteren schmaleren bestehend, beide quergelagert. Eierballen? Blind. Grundwasserform. — L. 0,55 mm. ♂ nicht beschrieben.

Serbien (Höhlen), Rumänien (Wasserleitung von Cluj).

32. **C. (D.) Staheli** Chapp. 1917 *C. s.*, Chappuis in: Zool. Anz., *v.* 49 p. 220 1928 *C. s.*, F. Kiefer in: Zool. Jahrb., Syst. *v.* 54 p. 528 f. 46—50.

Körper dorso-ventral stark abgeplattet. Letztes Thoraxsegm. seitlich jederseits mit einer Borste. Furcaläste parallel, kaum $1^1/_2$mal so lang wie breit. Seitenborste winzig klein, im unteren Drittel, stark dorsal gerückt; im 1. und 2. Drittel des Lateralrandes zieht sich jederseits um den halben Ast eine Borstenreihe. Medialste und lateralste Endborste kurz, dornartig, gleich lang. Die 1. Antennen 11gldr., zurückgeschlagen bis zur Mitte des Cephalothorax reichend. P_1—P_4 mit 2gldr. Äste. Endgl. des $Enp._4$ gedrungen, am Ende mit 2 Dornen, von denen der mediale so lang ist wie das Gl. und fast doppelt so lang wie der laterale. P_5 1gldr., apikal mit 2 Anhängen,

1 starken medialen Dorn und 1 lateralen Borste. Rec. sem. je nach Füllung mit Sperma verschieden gestaltet, quergelagert, im allgemeinen oben und unten etwas eingebuchtet, rechts und links tiefer eingeschnürt. Eierballen nicht bekannt. ♂ nicht beschrieben. — L. ♀ 0,5—0,6 mm. Moosbewohner.

Südamerika (Surinam).

33. C. (**D.**) **operculatus** Chapp. 1917 *C. o.*, Chappuis in: Zool. Anz., *v.* 49 p. 222 f. 5—9 | 1928 *C. o.*, F. Kiefer in: Zool. Jahrb., Syst. *v.* 54 p. 530 f. 63.

Körper dorso-ventral schwach abgeplattet. Hinterränder der Abdsegm. fein ausgezackt. Analsegm. mit bogigem Operculum, das bis zur Mitte der Furcaläste reicht und dessen Rand ausgezackt ist. Furcaläste parallel, $1^1/_2$ mal so lang wie breit. Medialste und lateralste Endborste sehr kurz, dornförmig, gleich lang. Die 1. Antennen 10 gldr. P_1—P_4 mit 2 gldr. Ästen. Endgl. des Enp.$_4$ apikal mit einem längeren Dorn, jederseits davon 3 kleine dornartige Borsten. P_5 1 gldr., verschwindend klein, mit 2 gleichartigen apikalen Anhängen; keine Spur eines früheren Basalgl. Rec. sem. aus einem größeren oberen, fast über die ganze Breite des Gensegm. sich hinziehenden Hauptteil und einem kleinen, sich sackförmig nach hinten anhängenden Teil bestehend (nach konservierten Tieren!). Eierballen jederseits nur 2 Eier enthaltend. — L. 0,27 mm ohne, 0,39 mm mit Endborsten. Moosbewohner.

Surinam (Südamerika).

34. C. (**D.**) **unisetiger** E. Graeter 1908 *C. u.*, E. Graeter in: Zool. Anz., *v.* 33 p. 49 | 1910 *C. u.*, E. Graeter in: Arch. Hydrob. Planktonk., *v.* 6 p. 44 t. 2 f. 7, 8 t. 3 f. 9 Textf. 20 | 1923 *C. u.*, Chappuis in: Bull. Soc. Cluj, *v.* 1 p. 585 f. 2, 6, 11 | 1926 *C. u.* forma *biarticulata*, F. Kiefer in: Schr. Ver. Donaueschingen, *v.* 16 p. 277 f. 8 | 1928 *C. u.*, F. Kiefer in: Zool. Jahrb., Syst. *v.* 54 p. 526 f. 58—62.

Körper dorso-ventral etwas abgeplattet. Trennung zwischen Vorder- und Hinterkörper nicht so deutlich wie bei den meisten übrigen Arten. Analoperculum gut entwickelt, mit der Spitze etwas über die Mitte der Furcaläste reichend, Umriß 3 eckig, die Spitze gezähnelt oder zipfelförmig vorgezogen. Furcaläste etwa $1^1/_2$ mal so lang wie breit. Nur 1 Endborste entwickelt, medialste kürzer als die lateralste, beide dornähnlich. 1. Antennen 11 gldr., kurz. Exp.$_1$—Exp.$_3$ und Enp.$_1$—Enp.$_4$ 2 gldr., Exp.$_4$ 3 gldr. oder alle Äste 2 gldr. (forma *biarticulata* Kiefer). Endgl. des Enp.$_4$ mit 3 Anhängen, darunter 1 kleiner Dorn. P_5 klein, 1 gldr., mit 2 Anhängen. Rec. sem. trapezförmig, mit der breiten Seite nach vorn. Jederseits nur je 1 Ei. Körper farblos, Auge meist zu erkennen. Grundwassertier. — L. ♀ 0,6—0,7 mm, ♂ 0,8 mm, (forma *biarticulata* 0,4 mm).

Schweiz (Höhlen im Jura, Brunnen bei Basel), Deutschland (Wasserleitung von Öfingen).

Fig. 23.
C. (D.) troglodytes ♀. P_5 (Orig.).

35. C. (**D.**) **troglodytes** Chapp. 1923 *C. t.*, Chappuis in: Bull. Soc. Cluj, *v.* 1 p. 585 f. 3, 5, 7, 9, 10 | 1928 *C. t.*, F. Kiefer in: Zool. Jahrb., Syst. *v.* 54 p. 527 f. 51—53.

Körper abgeplattet. Hinterränder der Abdsegm. mit feinen unregelmäßigen Auszackungen. Analoperculum kürzer und mehr gezähnelt als bei *C. unisetiger*. Furcaläste rechteckig, etwa um die Hälfte länger als breit; Seitenborste kurz, dornförmig, dorsal gerückt. Nur die 2 mittleren Endborsten entwickelt; medialste nur halb so lang wie die lateralste. 1. Antennen 11 gldr. Äste aller Schwimmbeine 2 gldr., Endgl. des Enp.$_4$ mit 4 Anhängen, 2 Medialrand-, 1 Lateralrandborste und 1 Dorn, der länger ist als das Gl. P_5 (Fig. 23) 2gldr., die beiden Gl. sitzen nebeneinander. Rec. sem. nicht so breit wie bei *C. unisetiger*. Blind. Höhlentier. — L. ♀ und ♂ 0,5—0,55 mm.

Rumänien („Peşterea de la Cuglis").

36. **C. (D.) Racovitzai** Chapp. 1923 *C. r.*, Chappuis in: Bull. Soc. Cluj, *v.* 1 p. 587 f. 1, 4, 8 | 1928 *C. r.*, F. Kiefer in: Zool. Jahrb., Syst. *v.* 54 p. 527 f. 54—57.

Körper abgeplattet. Vorderkörper nach hinten wenig verschmälert. Analoperculum klein, aber stärker als normal entwickelt, sein Rand mit einigen Zähnchen besetzt. Furcaläste rechteckig, doppelt so lang wie breit; nur die 2 mittleren Endborsten entwickelt, die medialste etwa so lang wie die lateralste oder ein wenig kürzer. Die 1. Antennen kurz, 11gldr., bis zum Hinterrand des Cephalothorax reichend. Äste aller Schwimmbeine 2gldr. Endgl. des $Enp._4$ mit nur 2 Medialrandborsten, 1 Enddorn, der länger ist als das Gl., und 1 Lateralrandborste bewehrt. P_5 dem von *C. troglodytes* sehr ähnlich, aber am Endgl. der mediale Anhang länger als der laterale. Rec. sem. fast die ganze vordere Hälfte des Segm. einnehmend, quer oval, nach hinten gegen den Genporus etwas vorgezogen. Blind. Höhlenform. — L. ♀ 0,4—0,45 mm, ♂ nicht beschrieben.

Frankreich („Grotte de Bétharram").

e) Subgen. **Microcyclops** Cls.

1893 *M.*, C. Claus in: Anz. Ak. Wien, nr. 9 p. 82 | 1893 *Cyclops (Mikrocyclops)*, C. Claus in: Arb. Inst. Wien, *v.* 10 p. 347 | 1927 *Cryptocyclops* (part.), G. O. Sars in: Ann. S. Afr. Mus., *v.* 25 p. 129 | 1929 *Cyclops (Microcyclops)*, F. Kiefer in: Z. wiss. Zool., *v.* 133 p. 41.

5. Füßchen (Fig. 24a, 26) 1gldr.; Borste des ehemaligen Grundgl. als Thoraxborste noch vorhanden; das vorhandene Gl. meist schlank, am Ende mit 1 Fiederborste bewehrt; sein Medialrand entweder unbewehrt oder mit einem meist feinen, in einigen Fällen aber kräftigen Dörnchen versehen, das oberhalb der Mitte oder nahe dem Ende eingelenkt ist. Rec. sem. je nach dem Grade der Füllung verschieden geformt.

20 Arten (nr. 37—56).

Typen: *C. (M.) varicans* O. Sars und *C. (M.) bicolor* O. Sars

37. **C. (M.) varicans** O. Sars 1863 *C. v.*, G. O. Sars in: Forh. Selsk. Christian. (Aar 1862), p. 252 | 1875 *C. orientalis*, Uljanin in: Nachr. Ges. Moskau, *v.* 11 pars 6 p. 33 t. 7 f. 10, 11 t. 10 f. 8—13 t. 11 f. 1, 2 | 1892 *C. varicans*, Schmeil in: Bibl. zool., pars 11 p. 116 t. 6 f. 1—5 | 1893 *C. (Mikrocyclops) v.*, C. Claus in: Arb. Inst. Wien, *v.* 10 p. 347 t. 3 f. 7 t. 5 f. 7—9 | 1893 *C. africanus*, G. Bourne in: P. zool. Soc. London, p. 165 t. 6 f. 1—8 | ?1901 *C. varicans*, Lilljeborg in: Svenska Ak. Handl., *v.* 35 nr. 4 p. 72 t. 4 f. 23, 24 | 1913 *C. v.*, G. O. Sars, Crust. Norway, *v.* 6 p. 54 t. 33 | ?1919 *C. ceibaënsis*, C. D. Marsh in: P. U. S. Mus., *v.* 55 p. 546 t. 49 f. 1—5 | 1929 *C. varicans*, F. Kiefer in: Z. wiss. Zool., *v.* 133 p. 29 f. 24—26.

Mäßig schlank. Furcaläste 3,5—4mal so lang wie breit, nahezu parallel, Medialrand kahl, Lateralrandborste ungefähr zu Beginn des letzten Drittel sitzend; medialste Endborste etwas länger als die lateralste; die beiden mittleren gut entwickelt. Die 1. Antennen ♀ 12gldr., kürzer als der Cephalothorax. Äste der Schwimmbeine 2gldr. Endgl. des $Enp._4$ durchschnittlich $2^1/_2$ mal so lang wie breit, medialer Enddorn etwas mehr als halb so lang wie das Gl., lateraler um fast die Hälfte kürzer. P_5 1gldr. (Fig. 24), schlank, am Ende mit Fiederborste, am Medialrande ist öfters ein feines Dörnchen zu erkennen. Rec. sem.

je nach dem Grade der Füllung mit Sperma verschieden geformt, etwa von der in Fig. 24c dargestellten Form. — L. ♀ 0,7—1 mm, ♂ rund 0,7 mm.

Europa, Afrika, Asien; Amerika?, Australien? (Die Art ist sicher sehr oft nicht richtig erkannt worden.)

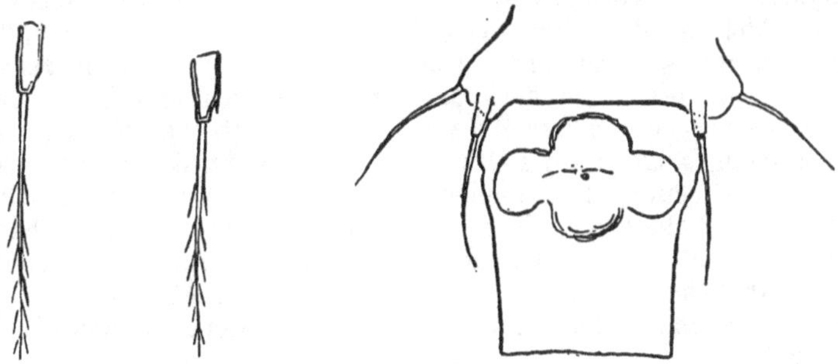

a b c

Fig. 24. C. (M.) varicans ♀. P_5 *a)* ohne, *b)* mit medialem Dörnchen (Orig.). C. (M.) subaequalis ♀. *c)* P_5 und Rec. sem. (Orig.).

38. **C. (M.) subaequalis** Kiefer ? 1901 *C. varicans*, Lilljeborg in: Svenska Ak. Handl., *v.* 35 nr. 4 p. 72 t. 4 f. 23, 24 | 1927 *C. subaequalis*, F. Kiefer in: Faune Colon. Franç., *v.* 1 p. 558 f. 39, 40 | 1929 *C. s.*, F. Kiefer in: Z. wiss. Zool., *v.* 133 p. 31 f. 27, 28.

Dem *C. varicans* (nr. 37) sehr nahe stehend; aber: die beiden Enddornen am Endgl. des $Enp._4$ gestreckt, der mediale davon bis höchstens $^1/_4$ kürzer als das Gl. Rec. sem.: Fig. 24c. — L. ♀ rund 0,8 mm.

Afrika (Kamerun, Togo, Kapland); Schweden?

39. **C. (M.) rubellus** Lillj. 1901 *C. r.*, Lilljeborg in: Svenska Ak. Handl., *v.* 35 nr. 4 p. 75 t. 4 f. 25, 26 | 1905 *C. varicans* var. *rubens*, E. Wolf in: Zool. Jahrb., Syst. *v.* 22 p. 173 t. 8 f. 9—11 | 1929 *C. rubellus*, F. Kiefer in: Z. wiss. Zool., *v.* 133 p. 35 f. 29, 29a, 29b.

Furcaläste kurz, $2^1/_2$ bis 3mal so lang wie breit, Seitenrandborste zu Beginn des letzten Viertels eingelenkt; medialste Endborste etwas länger als die lateralste, mittlere Borsten heteronom befiedert. 1. Antennen ♀ 11—12gldr. Äste der Schwimmbeine 2gldr. Endgl. des $Enp._4$ ungefähr doppelt so lang wie breit, medialer Enddorn etwas länger als lateraler. P_5 nur mit 1 Endborste versehen. Rec. sem. hat die in Fig. 25 dargestellte Form. — L. ♀ 0,6—0,9 mm.

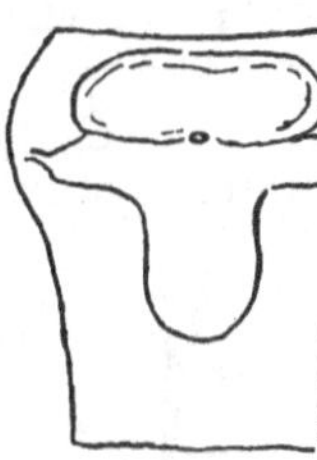

Fig. 25. C. (M.) rubellus ♀. Rec. sem. (Orig.).

Schweden, England, Nord- und Süddeutschland (ist sicher bisweilen mit *C. varicans* vermengt worden).

40. **C. (M.) Davidi** Chapp. 1922 *C. d.*, Chappuis in: Rev. Suisse Zool., *v.* 29 p. 172 f. 2 | 1927 *C. d.*, F. Kiefer in: Faune Colon. Franç., *v.* 1 p. 560 f. 41—43.

Dem *C. rubellus* (nr. 39) sehr ähnlich. Furcaläste $2^1/_2$mal so lang wie breit; medialste Endborste nicht ganz doppelt so lang wie die lateralste. 1. Antennen 12gldr. Äste der Schwimmbeine 2gldr. Endgl. des $Enp._4$ 2,25mal so lang wie breit; medialer Enddorn $^1/_3$ länger als der laterale und etwa so lang wie das Gl. P_5: Gl. sehr lang, nur mit 1 Endborste bewehrt. Rec. sem. dem des *C. rubellus* ähnlich. Eierballen und ♂ unbekannt. — L. ♀ etwa 0,85 mm.

Sudan, Kamerun; Java(?).

41. **C. (M.) Cunningtoni** O. Sars 1909 *C. c.*, G. O. Sars in: P. zool. Soc. London, p. 54 t. 17 f. 143—150 | 1929 *C. c.*, F. Kiefer in: Z. wiss. Zool., *v.* 133 p. 39 f. 36, 37.

Ziemlich kurz, gedrungen, Vorderkörper dorso-ventral zusammengedrückt. Cephalothorax breit, vorn zugespitzt; letztes Thoraxsegm. jederseits etwas vorgezogen. Abd. ziemlich dick, nach hinten schwach verschmälert; Gensegm. proximal ein wenig verbreitert. Die Furcaläste werden etwas gespreizt gehalten; sie sind breit und kurz und erreichen nicht die Länge der beiden letzten Abdsegm. Seitenborste distal von der Mitte des Randes. Medialste Endborste wenig länger als die lateralste, dornförmige; die 2 mittleren stachelförmig, ziemlich kurz. 1. Antennen kurz, 12gldr. Äste vom P_1—P_4 2gldr.; der laterale Apikaldorn am Endgl. des $Enp._4$ kürzer als der halbe mediale. P_5 sehr klein, mit einer Apikalborste und feinem Dörnchen am Medialrande. Rec. sem. ähnlich dem des *C. rubellus* (nr. 39). Eierballen länglich, etwas vom Abd. abstehend, jederseits 10—16 Eier enthaltend. ♂ nicht beschrieben. — L. ♀ 0,86 mm.

Afrika (Tanganjika-See).

42. **C. (M.) attenuatus** O. Sars 1909 *C. a.*, G. O. Sars in: P. zool. Soc. London, p. 53 t. 16 f. 131—138.

Schlank. Letztes Thoraxsegm. jederseits etwas vorgezogen. Gensegm. im proximalen Teil wenig verbreitert. Furcaläste parallel, länger als die beiden letzten Abdsegm.; Seitenborste etwa im distalen Drittel bis Viertel; medialste Endborste doppelt so lang wie die lateralste. Die 1. Antennen 10gldr., zurückgelegt nicht zum Hinterrand des Cephalothorax reichend. P_1—P_4 mit 2gldr. Ästen. Endgl. des $Enp._4$ apikal mit 2 Dornen; der mediale doppelt so lang wie der laterale. P_5 klein, 1gldr., apikal mit 1 Borste, Medialrand springt etwas winkelig vor. Rec. sem. und ♂ unbekannt. Eierballen klein, jeder nur 2—3 Eier enthaltend. — L. ♀ 0,65 mm.

Afrika (Tanganjika-See).

43. **C. (M.) paraplesius** Kiefer 1929 *C. p.*, F. Kiefer in: Z. wiss. Zool., *v.* 133 p. 38 f. 33—35.

Dem *C. attenuatus* (nr. 42) ähnlich. Furcaläste nahezu $5^1/_2$ mal so lang wie breit; Lateralrandborste zu Beginn des letzten Drittels eingelenkt; medialste Endborste doppelt so lang wie die lateralste. Die 1. Antennen ♀ 12gldr., kürzer als der Cephalothorax; Äste der Schwimmbeine 2gldr. Endgl. des $Enp._4$ doppelt so lang wie breit; von den beiden Enddornen ist der mediale um $^1/_3$ länger als der laterale, aber kürzer als das Gl. P_5 (Fig. 26): das Gl. besitzt außer der Endborste im oberen Drittel des Medialrandes noch ein kräftiges Dörnchen. Genaue Form des Rec. sem., Eierballen und ♂ unbekannt. — L. ♀ weniger als 1 mm.

Fig. 26.
C. (M.) paraplesius ♀. Rec. sem. (Orig.).

Ostafrika (1 ♀).

44. **C. (M.) furcatus** Daday 1905 *C. varicans* var. *f.*, Daday in: Zool., *v.* 18 fasc. 44 p. 135 t. 8 f. 6—11 | 1929 *C. f.*, F. Kiefer in: Z. wiss. Zool., *v.* 133 p. 36.

Furcaläste gestreckt, 6mal so lang wie breit, etwas gespreizt, medialste und lateralste Endborste längengleich. Die 1. Antennen 12gldr., etwas länger als der halbe Cephalothorax. Äste der Schwimmbeine 2gldr. Bewehrung des $Enp._4$? P_5: Gl. doppelt so lang wie an der Basis breit, mit 1 Endborste bewehrt. Das Rec. sem. „gleicht einem schmalen, gestreckten, an beiden Enden abgerundeten Schlauche". Eierballen mittelgroß, zahlreiche kleinere Eier enthaltend, anliegend. ♂ unbekannt. — L. ♀ 0,75—0,8 mm.

Paraguay.

45. **C. (M.) australis** R. L. King part., O. Sars 1855 *C. a.* (part.?), R. L. King in: P. R. Soc. van Diemen's Land, *v.* 3 pars 1 | 1896 *C. a.*, G. O. Sars in: Arch. Naturv. Kristian., *v.* 18 nr. 3 p. 74 | 1896 *C. sydneyensis*, Schmeil in: Bibl. zool., pars 21 p. 154 | 1908 *C. australis*, G. O. Sars in: Arch. Naturv. Kristian., *v.* 29 nr. 7 p. 15 t. 3 f. 5—18.

Mäßig schlank; Vorderkörper länglich-oval; keines der Segm. seitlich vorgezogen; Gensegm. nicht ganz so lang wie die 3 folgenden Segm., vorn nur wenig verbreitert. Furcaläste ziemlich lang, distalwärts nicht verbreitert, etwas gespreizt, Medialrand behaart. Seitenborste zu Beginn des letzten Viertels; medialste Endborste länger als die lateralste, die beiden mittleren unter sich nur wenig längenverschieden. Die 1. Antennen den Hinterrand des Cephalothorax kaum überragend, 12gldr. Äste des P_1 2-, des P_2—P_4 3gldr. Dornformel 3 • 3 • 3 • 3. Von den beiden geraden apikalen Dornen am Endgl. des $Enp._4$ ist der mediale etwas länger als der laterale. P_5 klein, mit einer Endborste und einem sehr kleinen seitlichen Dörnchen. Rec. sem. und Eierballen nicht beschrieben. Gensegm. ♂ wenig aufgetrieben, die 3 Anhänge der Genklappen kurz. — L. ♀ 2,20 mm.

Australien (Umgebung von Sydney).

46. **C. (M.) anceps** J. Rich. 1897 *C. a.*, J. Richard in: Mém. Soc. zool. France, *v.* 10 p. 265 f. 1—4 | 1913 *C. dentatimanus*, C. D. Marsh in: Smithson. Collect., *v.* 61 nr. 3 p. 14 t. 4 f. 5—12 | 1926 *C. dentimanus*, Dodds in: Occas. Papers Mus. Zool. Michigan, nr. 174 p. 25.

Dem *C. varicans* (nr. 37) ähnlich. Furcaläste $3^1/_2$—4 mal so lang wie breit, Seitenborste zu Beginn des letzten Lateralranddrittels sitzend; medialste und lateralste Endborste etwa gleich lang. Die 1. Antennen ♀ 12gldr., $^3/_4$ mal so lang wie der Cephalothorax. Äste der Schwimmbeine 2gldr. Endgl. des $Enp._4$ mit 2 kräftigen Dornen bewehrt, der mediale davon ist etwas länger als der laterale, aber kürzer als das Gl. P_5 medial, fast apikal mit einem kurzen, kräftigen Dörnchen, am Ende mit 1 Fiederborste. Rec. sem. dem des *C. rubellus* ähnlich (vgl. Fig. 25). ♂ noch nicht näher beschrieben. — L. ♀ ungefähr 0,86—0,9 mm.

Mittel- und Südamerika (Panama, Brasilien, Paraguay, Chile, Argentinien); Asien?? (Sumatra?, Java?, Siam?).

47. **C. (M.) crassipes** (O. Sars) 1927 *Cryptocyclops c.*, G. O. Sars in: Ann. S. Afr. Mus., *v.* 25 p. 131 t. 15 f. 9—14.

Dem *C. varicans* (nr. 37) sehr nahe stehend. Furcaläste ungefähr 3mal so lang wie breit, medialste Endborste doppelt so lang wie die lateralste. Die 1. Antennen $^2/_3$ der Länge des Cephalothorax erreichend, 11gldr. Schwimmbeine mit 2gldr. Ästen. Endgl. des $Enp._4$ mit 2 Enddornen bewehrt, der mediale davon ist fast doppelt so lang wie der laterale, aber kürzer als das Gl. Der Enddorn des Endgl. von $Enp._1$ und die Lateralrand- und Enddornen von $Exp._2$—$Exp._3$, $Enp._2$ und $Enp._3$ sehr kräftig, kurz und dick. P_5? Eierballen klein. Rec. sem. und ♂ unbekannt. — L. ♀ 0,8 mm.

Südafrika.

48. **C. (M.) tanganicae** R. Gurn. 1928 *Microcyclops t.*, R. Gurney in: P. zool. Soc. London, pars 2 p. 319 f. 1a—e.

Mäßig schlank; Furcaläste etwa 4mal so lang wie breit; nahezu parallel, Medialrand unbehaart; Seitenrandborste nahe dem Ende; medialste Endborste um die Hälfte länger als die lateralste. Die 1. Antennen ♀ 10-, bisweilen 11gldr., kürzer als der Cephalothorax. Äste der Schwimmbeine 2gldr., Dornformel 3·4·4·3. Endgl. des $Enp._4$ 1,5mal so lang wie breit, medialer Enddorn kürzer als das Gl., aber doppelt so lang wie der laterale; die distale Medialrandborste länger als der mediale Enddorn. P_5 mit zartem, ziemlich langem Dörnchen an der Medialseite. Rec. sem. unbekannt. Eierballen und ♂ nicht beschrieben. — L. ♀ 0,61 mm.

Afrika (Tanganjika-See).

49. **C. (M.) gemellus** R. Gurn. 1928 *Microcyclops g.*, R. Gurney in: P. zool. Soc. London, pars 2 p. 321 f. 2a—d.

Dem *C. tanganicae* (nr. 48) sehr nahe stehend; aber Endgl. des $Enp._3$ und $Enp._4$ gestreckter, etwa doppelt so lang wie breit; medialer Enddorn des $Enp._4$ fast 3mal so lang wie der laterale; die Lateralrand- und die distale Medialrandborste nicht zur Spitze des medialen Enddornes reichend; Dörnchen medial am P_5 länger und stärker. Rec. sem. dem des *C. bicolor* (nr. 50) ähnlich. Eierballen? ♂? — L. ♀ 0,78—0,8 mm.

Afrika (Tanganjika-See).

50. **C. (M.) bicolor** O. Sars 1863 *C. b.*, G. O. Sars in: Forh. Selsk. Christian. (Aar 1862), p. 253 | ?1874 *C. longicaudatus*, Poggenpol in: Nachr. Ges. Moskau, *v.* 10 pars 2 p. 72 t. 15 f. 19, 20 t. 16 f. 5, 6 | 1880 *C. diaphanus* (non S. Fischer), H. Rehberg in: Abh. Ver. Bremen, *v.* 6 p. 547 | 1884 *C. brevisetosus*, Daday in: Math. termész. Közlem., *v.* 19 p. 255 t. 3 f. 3—5, 10 | 1884 *C. tenuicaudis*, Daday, ibid., p. 258 t. 3 f. 18—19 | 1891 *C. diaphanus* (non S. Fischer), J. Richard in: Ann. Sci. nat., ser. 7 *v.* 12 p. 236 t. 6 f. 26 | ?1892 *C. longicaudatus*, G. S. Brady in: Nat. Hist. Tr. Northumb., *v.* 11 part 1 p. 23 t. 10 f. 5—7 | 1892 *C. bicolor*, Schmeil in: Bibl. zool., pars 11 p. 118 t. 6 f. 6—13 | 1893 *C. (Mikrocyclops) b.*, C. Claus in: Arb. Inst. Wien, *v.* 10 p. 347 | 1913 *C. b.*, G. O. Sars, Crust. Norway, *v.* 6 p. 56 t. 34.

Gedrungene Form. Vorderkörper breit oval. Letztes Thoraxsegm. zwischen der Borste und der Einlenkungsstelle des P_5 lappenartig nach hinten gezogen. Gensegm. lang, vorn wenig verbreitert. Furcaläste ziemlich lang ($4—4^1/_2$ mal so lang wie breit), gleichbreit, parallel; Seitenborste nahe dem Ende; medialste Endborste doppelt so lang wie die lateralste, die 2 mittleren sehr stark, aber auffallend kurz, unter sich wenig längenverschieden. Die längere wenig mehr als doppelt so lang wie 1 Furcalast. Die 1. Antennen 11gldr., wenig länger als der halbe Cephalothorax. $P_1—P_4$ mit 2gldr. Ästen. Dornformel 3·4·4·3. Am Endgl. des $Enp._4$ nur der mediale Apikaldorn entwickelt, der laterale nur $^1/_4$ davon, medialwärts gebogen. P_5 1gldr., klein, mit Endborste und sehr feinem Dörnchen am Medialrand. Rec. sem. fast die ganze Breite des Segm. einnehmend, durch eine Einschnürung jederseits in 2 nur wenig voneinander getrennte Abschnitte geteilt (Fig. 26a). Eierballen anliegend. — L. ♀ 0,6 bis 0,8 mm, ♂ kleiner, 0,7 mm durchschnittlich.

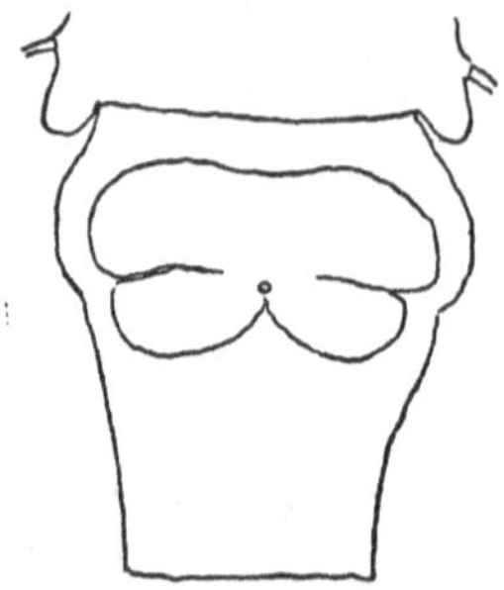

Fig. 26a. C. (M.) bicolor ♀. Rec. sem. (Orig.).

Europa, Asien (z. B. Indien, Sumatra, Java), Nordamerika.

51. **C. (M.) linjanticus** Kiefer 1928 *C. l.*, F. Kiefer in: Zool. Anz., *v.* 76 p. 17 f. 34—37.

Dem *C. bicolor* (nr. 50) sehr ähnlich; aber: Furcaläste kürzer, nur $3^1/_2$mal so lang wie breit; mittlere Endborsten länger, die längste 4mal so lang wie ein Furcalast; Endgl. des Enp.$_4$ etwas gedrungener, der mediale Enddorn um $^1/_4$ kürzer als das Gl., aber 4mal so lang wie der laterale; die beiden proximalen Medialrandborsten des Gl. bemerkenswert kurz. P_5 ohne erkennbares Medialranddörnchen. Rec. sem. dem des *C. bicolor* sehr ähnlich. Eierballen und ♂ unbekannt. — L. ♀ 0,7 mm.

Südafrika (Linjanti-Fluß).

52. **C. (M.) falsus** Kiefer 1907 ? *C. bicolor*, G. S. Brady in: Ann. trop. Med., *v.* 1 p. 423 t. 33 f. 1, 2 | 1926 *C. falsus*, F. Kiefer in: Zool. Anz., *v.* 66 p. 269 | 1927 *C. f.*, F. Kiefer in: Faune Colon. Franç., *v.* 1' p. 557 f. 34—38.

Dem *C. bicolor* (nr. 50) sehr nahe stehend. Aber: Furcaläste kürzer, nur wenig mehr als doppelt so lang wie breit; medialste Terminalborste fast halb so lang wie die lateralste der mittleren; die längste von der Basis zur Spitze nicht gleichmäßig verjüngt, sondern lanzettförmig. Von den beiden geraden Dornen am Ende des Enp.$_4$ erreicht der laterale nahezu die halbe Länge des medialen. Rec. sem., Eierballen und ♂ unbekannt. — L. 0,7 mm.

Westafrika (Goldküste, Kamerun, Togo.)

53. **C. (M.) pachycomus** O. Sars 1909 *C. p.*, G. O. Sars in: P. zool. Soc. London, p. 55 t. 17 f. 151—156.

Körper mäßig schlank. Gensegm. proximal nur wenig verbreitert, schlank. Furcaläste nicht ganz die Länge der 2 letzten Abdsegm. erreichend, unter sich parallel. Seitenborste ungefähr in der Mitte des Lateralrandes sitzend; medialste und lateralste Endborste etwa gleich lang; die beiden mittleren heteronom befiedert (Fiederchen proximal weiter stehend und etwas gröber als distal). Die 1. Antennen sehr kurz, 10gldr., Borsten stark und zum Teil befiedert. Äste vom P_1—P_4 2gldr., die Dornen am Exp.$_4$ und Enp.$_4$ sehr kurz und stumpf. P_5 klein, apikal 1 Borste. Rec. sem., Eierballen und ♂ unbekannt. — L. ♀ 0,62 mm.

Afrika (Tanganjika-See).

54. **C. (M.) exiguus** O. Sars 1909 *C. e.*, G. O. Sars in: P. zool. Soc. London, p. 54 t. 16 f. 141, 142.

Klein, schlank. Letztes Thoraxsegm. seitlich wenig vorgezogen. Gensegm. schlank, proximal nur wenig verbreitert. Furcaläste parallel, kürzer als die beiden letzten Abdsegm.; Seitenborste etwas unterhalb der Lateralrandmitte; medialste Endborste doppelt so lang wie die lateralste; Befiederung der beiden mittleren heteronom (die Fiederchen proximal stärker und weiter voneinander entfernt stehend als distal). Die 1. Antennen zurückgeschlagen nicht zum Hinterrand des Cephalothorax reichend, 11gldr. P_1—P_4 mit nur 2gldr. Ästen. P_5 sehr klein, apikal mit einer Borste. Rec. sem., Eierballen und ♂ unbekannt. — L. ♀ 0,53 mm.

Afrika (Tanganjika-See).

55. **C. (M.) caudatus** (O. Sars) 1927 *Cryptocyclops c.*, G. O. Sars in: Ann. S. Afr. Mus., *v.* 25 p. 133 t. 15 f. 15—20.

Dem *C. bicolor* (nr. 50) nahestehend. Aber: Vorder- und Hinterkörper schlanker; Furcaläste verhältnismäßig kürzer, weniger als 4mal so lang wie breit; mittlere Endborsten länger, medialste $^1/_3$ der lateralsten. Die 1. Antennen ♀ undeutlich 11gldr. Endgl. des Enp.$_4$ schlank, am Ende nur mit 1 Dorn bewehrt(?). P_5 nur mit 1 Endborste bewehrt. Eierballen, Rec. sem. und ♂ unbekannt. — L. ♀ 0,67 mm.

Südafrika.

56. **C. (M.) inopinatus** (O. Sars) 1927 *Cryptocyclops i.*, G. O. Sars in: Ann. S. Afr. Mus., *v.* 25 p. 134 t. 15 f. 21—25.

Dem *C. caudatus* nahestehend; aber: Endgl. des Enp.$_4$ mit einem schlanken Dorn bewehrt, der länger ist als das Gl. Rec. sem. nicht beschrieben. — L. ♀ 0,7 mm.

Südwestafrika (aus Schlamm gezüchtet).

f) Subgen. **Metacyclops** Kiefer

1927 *Mesocyclops (Metacyclops)*, F. Kiefer in: Zool. Anz., *v.* 73 p. 308 | 1927 *Cryptocyclops* (part.), G. O. Sars in: Ann. S. Afr. Mus., *v.* 25 p. 129 | 1929 *Cyclops (Metacyclops)*, F. Kiefer in: Z. wiss. Zool., *v.* 133 p. 44.

5. Füßchen (Fig. 27, 28) 1gldr.; Borste des ehemaligen Grundgl. als Thoraxborste vorhanden; das vorhandene Gl. am Ende mit 1 Fiederborste und innen daneben mit 1, allermeist schlanken Dörnchen bewehrt. Rec. sem. mit stärker entwickeltem distalem Abschnitt.

10 Arten (nr. 57—66).

Typus: *C. (M.) gracilis* Lillj.

57. **C. (M.) gracilis** Lillj. 1853 *C. g.*, Lilljeborg, Clad. Ostr. Cop., p. 208 | 1891 *C. diaphanus* (non Fischer), Schmeil in: Z. Naturw., *v.* 64 p. 33 | 1892 *C. gracilis*, Schmeil in: Bibl. zool., pars 11 p. 110 t. 6 f. 14—16 | 1893 *C. (Mikrocyclops) g.*, C. Claus in: Arb. Inst. Wien, *v.* 10 p. 347 t. 3 f. 4—6 | 1914 *Mesocyclops g.*, G. O. Sars, Crust. Norway, *v.* 6 p. 63 t. 39 | 1927 *M. (Metacyclops) g.*, F. Kiefer in: Zool. Anz., *v.* 73 p. 308.

Sehr schlank. Abd. fast zylindrisch, da das Gensegm. proximal nur wenig verbreitert ist. Furcaläste fast parallel, 3mal so lang wie breit, Seitenborste in der Mitte; nur die mittleren Endborsten gut entwickelt, aber auch kurz, im Basalteil sehr breit; medialste nicht ganz doppelt so lang wie die lateralste. 1. Antennen 12gldr., zum Hinterrand des 3. Thoraxsegm. reichend. Äste vom P_1—P_4 2gldr., schlank; medialer Enddorn am Endgl. des Enp.$_4$ außerordentlich lang, gerade, lateraler etwa $^1/_3$ davon. P_5 schlank, mit 1 langen Endborste und 1 kurzen (medialen) Dörnchen. Rec. sem. hammerförmig. Eierballen klein, rundlich. — L. ♀ 0,76—0,84 mm, ♂ 0,7 mm.

Europa; Mongolei?, Patagonien?.

58. **C. (M.) necessarius** Kiefer 1914 *C. diaphanus* (nec Schmeil nec Lilljeborg), Rühe in: D. Südp.-Exp., *v.* 16 p. 9 | 1926 *C. necessarius*, F. Kiefer in: Zool. Anz., *v.* 66 p. 268 f. 5a, b | 1926 *C. n.*, F. Kiefer in: Int. Rev. Hydrob., *v.* 14 p. 358 f. 8a—h | 1927 *Cryptocyclops assimilis*, G. O. Sars in: Ann. S. Afr. Mus., *v.* 25 p. 129 t. 15 f. 1—8.

Furcaläste parallel, etwa $3^1/_2$mal so lang wie breit; nur die beiden mittleren Endborsten gut entwickelt. 1. Antennen 12gldr., $^3/_4$ der Länge des Cephalothorax erreichend. Schwimmfußäste 2gldr., von den beiden geraden Enddornen am Endgl. des Enp.$_4$ ist der mediale nicht ganz doppelt so lang wie der laterale. P_5 1gldr., am Ende mit kurzem Dörnchen und 1 Borste bewehrt. Hauptteil des Rec. sem. sich nach hinten erstreckend, nicht unähnlich dem von *C. bicuspidatus* (nr. 22). Genklappenbewehrung des ♂ aus 3 verschieden langen Anhängen bestehend. — L. ♀ 0,9—1,0 mm, ♂ 0,8 mm.

Südafrika (Kapland).

59. **C. (M.) mendocinus** Wrzski. 1893 *C. m.*, Wierzejski in: Rozpr. Ak. Krakow, *v.* 24 p. 238 t. 6 f. 19—24 | 1895 *C. m.*, J. Richard in: Mém. Soc. zool. France, *v.* 8 p. 190 f. 1—4 | ?1905 *C. m.*, Daday in: Zool., *v.* 18 fasc. 44 p. 199 t. 8 f. 17 | 1927 *C. m.*, F. Kiefer in: Zool. Anz., *v.* 74 p. 116 f. 1—5.

Vorderkörper ziemlich breit-oval; 1.—3. Thoraxsegm. sind seitlich etwas nach hinten verlängert. 5. Thoraxsegm. jederseits mit 1 kurzen Borste. Gensegm. vorn stark verbreitert, dahinter plötzlich eingezogen, so lang wie die 3 folgenden Segm. zusammen. Furcaläste parallel, 4mal so lang wie breit, Seitenborste etwas unterhalb der Mitte. Die beiden mittleren Endborsten verhältnismäßig kurz, unter sich fast gleich lang; medialste kürzer als die lateralste. 1. Antennen 12gldr., zum Hinterrand des Cephalothorax reichend. P_1—P_4 mit 2gldr. Ästen, schlank, medialer Enddorn am Endgl. des $Enp._4$ doppelt so lang wie der laterale. P_5 ziemlich breit, am Ende lateral 1 kurze Borste und medial ein winziger Dorn. Rec. sem. dem von *Mesocyclops Dybowskii* (p. 84) einigermaßen ähnlich. ♂ schlanker, besonders die Gl. aller Beine samt Anhängen. — L. ♀ 1—1,17 mm, ♂ 0,86—0,9 mm.

Süd- und Mittelamerika.

60. **C. (M.) leptopus** Kiefer 1907 *C. mendocinus* (non Wierzejski), C. D. Marsh in: Neveu-Lemaire, Lacs Amér. Sud, p. 187 t. 17 f. 1—4 | 1926 *C. m.*, F. Kiefer in: Arch. Hydrob. Planktonk., *v.* 16 p. 498 f. 9—15 | 1927 *C. leptopus*, F. Kiefer in: Zool. Anz., *v.* 74 p. 116 f. 6—10.

Dem *C. mendocinus* (nr. 59) nahe stehend; aber: Die Borste jederseits am 5. Thoraxsegm. länger, ebenso die beiden mittleren Furcalendborsten länger. Die Gl. der Schwimmbeine sehr stark gestreckt, Endgl. des $Enp._4$ nahezu 3,5mal so lang wie breit, Enddornen ebenfalls sehr schlank, beim ♂ besonders lang; Endborste und mediales Dörnchen am P_5 gut entwickelt, beim ♂ länger als beim ♀. Eierballen klein, 5—8 Eier enthaltend; Rec. sem. unbekannt. — L. ♀ 1 mm, ♂ etwas kleiner.

Peru (Huaron- und Naticocha-See, 5100 m ü. M.), Bolivien (Titicaca-See).

61. **C. (M.) dengizicus** Lepeschkin 1900 *C. diaphanus* var. *dengizica*, Lepeschkin in: Nachr. Ges. Moskau, *v.* 98 nr. 1 p. 26 t. 3 f. 1, 17, 19, 21, 25, 26 | 1921 *C. buxtoni*, R. Gurney in: J. Bombay Soc., *v.* 27 p. 840 t. 1 f. A—E | 1926 *C. dengizicus*, F. Kiefer in: Zool. Anz., *v.* 67 p. 106 f. 6—8.

Fig. 27. C. (M.) dengizicus ♀. P_5 (nach Lepeschkin).

Gensegm. vorn breit, nach hinten stark verschmälert. Analoperculum klein, sein freier Rand mit feinen Zähnchen besetzt(?). Furcaläste langgestreckt, 5—6mal so lang wie breit; Lateralrandborste unterhalb der Mitte sitzend. Endborsten verhältnismäßig kurz, die beiden mittleren wenig längenverschieden. 1. Antennen 11gldr., kürzer als der Cephalothorax. Äste der Schwimmbeine 2gldr. Bewehrung des $Enp._4$? P_5 (Fig. 27) sehr breit, mit 1 Borste und einem weit medial stehenden kräftigen Dorn bewehrt, der beim ♂ länger ist als beim ♀. Rec. sem. dem des *C. bicuspidatus* ähnlich, aber Vorderrand eingebuchtet. Eierballen nicht beschrieben. — L. ♀ 1,1 mm, ♂?

Innerasien, Indien, Mesopotamien, Gebiet des Suez-Kanals.

62. **C. (M.) panamensis** C. D. Marsh 1913 *C. p.*, C. D. Marsh in: Smithson. Collect., *v.* 61 nr. 8 p. 16 t. 4 f. 1—4.

Dem *C. dengizicus* (nr. 61) sehr ähnlich. Abd. sehr schlank; Gensegm. vorn wenig verbreitert; Furcaläste schwach, 5mal so lang wie breit, Seitenborste zu Beginn des letzten Drittels; medialste Endborste kürzer als die lateralste; die beiden mittleren wenig längenverschieden. 1. Antennen 11gldr., zur Mitte des 2. Thoraxsegm. reichend. Schwimmbeine mit 2gldr. Ästen; Endgl. des $Enp._4$ mit 2 Dornen, von denen der mediale doppelt so lang ist wie der laterale und etwa so lang wie das Gl. Verbindungsplatte der Füße des 4. Paares jederseits mit 3 Zähnchen. P_5 ganz ähnlich wie bei *C. dengizicus*. Eierballen klein, je 7—10 Eier enthaltend. Rec. sem. und ♂ nicht bekannt. — L. ♀ 0,7 mm.

Mittelamerika (Panama).

63. **C. (M.) minutus** Cls. 1863 *C. m.*, C. Claus, Freileb. Cop., p. 102 t. 10 f. 6—8 | ? 1892 *C. longicaudatus*, G. S. Brady in: Nat. Hist. Tr. Northumb., *v.* 11 part 1 p. 23 t. 10 f. 5—7 | 1892 *C. diaphanus* (non Fischer), Schmeil in: Bibl. zool., pars 11 p. 112 t. 5 f. 18 | 1926 *C. minutus*, F. Kiefer in: Int. Rev. Hydrob., *v.* 14 p. 357 f. 7a—f | 1927 *C. m.*, R. Gurney in: Ann. nat. Hist., ser. 9 *v.* 19 p. 506 f. 5a—f.

Gensegm. vorn kaum verbreitert; Furcaläste nahezu parallel, rund 4mal so lang wie breit; medialste Endborste kürzer als die lateralste, die beiden mittleren verhältnismäßig kurz, wenig längenverschieden. 1. Antennen 11gldr., kaum so lang wie der Cephalothorax. Äste der Schwimmbeine 2gldr. Dornformel 3 • 3 • 3 • 3. Endgl. des $Enp._4$ stark $1^1/_2$ mal so lang wie breit; am Ende nur 1 Dorn, der länger ist als das Gl. Gl. des P_5 (Fig. 28) mit einer längeren Endborste und einem medial neben ihr stehenden schlanken Dörnchen bewehrt. Rec. sem. sackartig sich nach hinten erstreckend. Genklappen des ♂ nur mit 2 schlanken, gleich langen Anhängen bewehrt (1 Dorn und 1 Borste). — L. ♀ 0,7 bis 0,8 mm (ohne Endborsten). ♂ kleiner.

Fig. 28.
C. (M.) minutus ♀. P_5 (Orig.).

Europa (Deutschland, England, Bulgarien, Böhmen?, Polen?); Afrika (Algerien, ehemaliges Deutsch-Südwestafrika, Ägypten, Cyrenaika); Asien (Mesopotamien, Syrien und Palästina, Indien).

64. **C. (M.) monacanthus** Kiefer 1928 *C. m.*, F. Kiefer in: Zool. Anz., *v.* 76 p. 5 f. 1—3.

Dem *C. minutus* (nr. 63) sehr nahe stehend; aber: 5. Thoraxsegm. jederseits stark vorgezogen, so daß P_5 sehr weit nach außen zu stehen kommt; Gensegm. plump, so breit wie lang; Endgl. des $Enp._4$ gestreckter, doppelt so lang wie breit; Dörnchen des P_5 von der Spitze des Gl. weg etwas am Medialrand hinabgerückt. Rec. sem., Eierballen und ♂ noch unbekannt. — L. ♀ 1,1 mm.

Neuseeland.

65. **C. (M.) arnaudi** O. Sars 1908 *C. a.*, G. O. Sars in: Arch. Naturv. Kristian., *v.* 29 nr. 7 p. 17 t. 4 f. 1—8.

Mäßig schlank. Vorderkörper ziemlich breit oval. Letztes Thoraxsegm. seitlich in runde Lappen mit je einer Borste versehene vorgezogen. Abd. schlank, Gensegm. so lang wie die 3 folgenden Segm. zusammen, an der Basis wenig verbreitert. Furcaläste schlank, halb so lang wie das Abd., etwas gespreizt. Seitenborste zu Beginn des unteren Drittels. Medialste Endborste kürzer als die lateralste. 1. Antennen dick, kaum über die Mitte des Cephalothorax reichend, 11gldr. P_1—P_4 mit 2gldr. Ästen. Dornformel 2 • 3 • 3 • 3. Endgl. des Enp.$_4$ apikal nur mit 1 Dorn bewehrt. P_5 1gldr., oval, mit kurzem apikalem Dorn und längerer Borste, die schon fast dem Lateralrand angehört(?). Rec. sem., Eierballen und ♂ unbekannt. — L. ♀ 0,95 mm.

Australien (Viktoria).

66. **C. (M.) planus** R. Gurn. 1909 *C. p.*, R. Gurney in: J. R. micr. Soc., p. 293 t. 12 f. 24—27 | 1922 *C. halepensis*, Chappuis in: Zool. Anz., *v.* 55 p. 28 f. 1—4 | 1924 *C. planus*, F. Kiefer in: Zool. Anz., *v.* 61 p. 220 | 1924 *C. croaticus*, Krmpotić in: Arch. Hydrob. Planktonk., *v.* 15 p. 42 t. 5 f. 29—31.

Körper dorso-ventral abgeplattet. Furcaläste so lang wie die 2 letzten Abdsegm. oder etwas länger; Seitenborste etwa in der Mitte des Randes; nur die mittleren Endborsten gut entwickelt; die medialste bedeutend kürzer als die lateralste. 1. Antennen 9gldr., nur bis zur Mitte des Cephalothorax reichend. Äste der Schwimmbeine 2gldr. Enp.$_4$ Endgl. doppelt so lang wie breit, am Ende 1 Dorn, der so lang ist wie das Gl. P_5 1gldr., apikal mit Borste und Dörnchen. Rec. sem. mit dem Hauptteil sich in den hinteren Abschnitt des Segm. erstreckend (ähnlich wie bei *C. gracilis*). Eierballen dem Abd. eng angepreßt. ♂ nicht beschrieben. — L. ♀ 0,65—0,7 mm.

Nordafrika (Tunis, Ägypten); Syrien; Kroatien.

9. Gen. **Bryocyclops** Kiefer

1927 *B.*, F. Kiefer in: Zool. Anz., *v.* 73 p. 307 | 1928 *B.*, F. Kiefer in: Zool. Jahrb., Syst. *v.* 54 p. 551.

Körper sehr klein, breit, etwas abgeflacht. Letztes Thoraxsegm. mit 1 Borste jederseits. Gensegm. ♀ stark aufgetrieben, breiter als lang, im vorderen Teil dorsal jederseits ein länglich-rundes besonders chitinisiertes Gebilde. Analdeckel stark entwickelt, rundlich oder 3eckig; Furcaläste sehr kurz, mit dorsaler Chitinleiste. 1. Antennen ♀ kurz, 11gldr.; Äste der Schwimmbeine 2- oder zum Teil nur 1gldr., Endgl. des Enp.$_4$ mit stark reduzierter Zahl der Anhänge. P_5 (Fig. 29a) eine ungegliederte sehr kleine Chitinplatte mit 2 Borsten, von denen die mediale beträchtlich länger als die laterale ist. Bewohnen feuchte Moose und Bromeliaceen-„Tümpelchen".

5 Arten.

Typus: *B. bogoriensis* (Menzel).

Übersicht der Arten:

1	Alle Äste der Schwimmbeine 2gldr. — 3	
	Enp.$_4$ ♀ 1gldr., die übrigen Äste alle 2gldr. — 2	
2	Rec. sem. wie in Abb. 29b	1. **B. bogoriensis**
	Rec. sem. wie in Abb. 29c	2. **B. muscicola**
3	Analoperculum mit gezähneltem freiem Rand — 4	
	Analoperculum glattrandig, groß 3eckig	5. **B. anninae**
4	Analoperculum bis zum Ende der Furcaläste reichend . . .	3. **B. Chappuisi**
	Analoperculum kurz, breitbogig	4. **B. parvulus**

1. **B. bogoriensis** (Menzel) 1926 *Cyclops b.*, R. Menzel in: Ann. Biol. lacustre, *v.* 14 p. 211 f. 1—5 | 1928 *Bryocyclops b.*, F. Kiefer in: Zool. Anz., *v.* 76 p. 99 f. 1—6.

Hinterränder der Abdsegm. erscheinen dorsal sehr fein ausgezackt. Analoperculum groß, gerundet, sein freier Rand unregelmäßig gezähnelt.

Furcaläste rund $1^1/_2$ mal so lang wie breit; medialste Endborste etwa $^1/_3$ der lateralen erreichend. $Enp._4$ ♀ 1gldr., die übrigen Äste der Schwimmbeine 2gldr. $Enp._4$ am Ende mit 3 Borsten und 1 Dorn bewehrt. P_5 (Fig. 29a): Vom Gl. sind nur 2 winzige Höckerchen vorhanden, auf denen je 1 Borste sitzt, die mediale ist etwa doppelt so lang wie die laterale. Rec. sem. (Fig. 29b) im vorderen Teil des Gensegm. quergelagert, der Vorderrand in der Mitte eingebuchtet. Eierballen? ♂: $Enp._4$ 2gldr., Bewehrung wie beim ♀. Endgl. des $Enp._3$ mit 1 kräftigem Dorn bewehrt, der nach lateral eine rundliche Auftreibung besitzt. Genklappen mit je 3 Borsten bewehrt, von denen die lateralste am kürzesten ist. — L. ♀ 0,5 mm, ♂ 0,4 mm.

Java, Tjiomas („Tümpel" der Bromeliacee *Bilbergia pyramidalis*).

a b

Fig. 29. **B. bogoriensis** ♀. *a)* P_5 (Orig.), *b)* Rec. sem. (nach Menzel).

2. **B. muscicola** (Menzel) 1926 *Cyclops m.* (non Lastotschkin 1924), R. Menzel in: Ann. Biol. lacustre, *v.* 14 p. 215 f. 12—14 | 1926 *C. menzeli*, F. Kiefer in: Zool. Anz., *v.* 69 p. 24 | 1927 *C. m.*, Borutzky, ibid., *v.* 71 p. 63.

Dem *B. bogoriensis* (nr. 1) gleichend bis auf das Rec. sem., das große Ähnlichkeit mit dem des *B. anninae* (nr. 5) hat. Eierballen und ♂ unbekannt. — L. ♀ 0,4 mm.

Java, Buitenzorg (feuchtes Moos aus 1000 m Höhe — 1 ♀).

3. **B. Chappuisi** Kiefer 1928 *B. C.*, F. Kiefer in: Zool. Anz., *v.* 76 p. 101 f. 7—9.

Dem *B. bogoriensis* (nr. 1) ähnlich; aber Analoperculum größer, bis zum Ende der Furcaläste reichend, sein freier Rand gezähnelt, Zähnchen distal etwas größer als an den Seiten. Furcaläste $1^1/_2$ mal so lang wie breit, Seitenrandborste sehr weit distal eingelenkt; medialste Endborste sehr kurz, dornartig. Äste der Schwimmbeine 2gldr. Endgl. des $Enp._4$ gestreckt, die 4 Anhänge ziemlich lang. P_5 wie bei *B. bogoriensis*, mediale Borste aber noch etwas länger. Rec. sem., Eierballen, ♂ unbekannt. — L. ♀ 0,45 mm.

Java, Tjibodas (feuchtes Moos aus 2000 m Höhe — 1 ♀).

4. **B. parvulus** Kiefer 1926 *Cyclops sp.*, R. Menzel in: Ann. Biol. lacustre, *v.* 14 p. 215 f. 16, 17 | 1928 *Bryocyclops parvulus*, F. Kiefer in: Zool. Anz., *v.* 76 p. 102.

Analoperculum kurz, breit-bogig, mit etwas vorgezogener Spitze, freier Rand fein gezähnelt. Furcaläste denen des *B. anninae* (nr. 5) ähnlich. Rec. sem. ebenfalls dem dieser Art nahe kommend. Schwimmbeine, P_5, Eierballen und ♂ unbekannt. — L. ♀ 0,44 mm.

Java, Tjinjiroean (feuchtes Moos — 1 ♀).

5. **B. anninae** (Menzel) 1926 *Cyclops a.*, R. Menzel in: Ann. Biol. lacustre, *v.* 14 p. 214 f. 6—11 | 1928 *„C." a.*, F. Kiefer in: Zool. Jahrb., Syst. *v.* 54 p. 530 f. 64, 65 | 1928 *Cryptocyclops a.*, Lowndes in: Ann. nat. Hist., ser. 10 *v.* 1 p. 710 t. 21 f. 13—21.

Analoperculum 3eckig, Ränder glatt, Spitze etwas zipfelig vorgezogen. Furcaläste ungefähr doppelt so lang wie breit; medialste Endborste viel kürzer als die lateralste, dornartig. Äste der Schwimmbeine alle 2gldr.; Endgl. des Enp.$_4$ mit nur 4 Anhängen versehen, die alle kurz sind und von denen die beiden medialsten und der lateralste Borsten entsprechen, der 2. von lateral dagegen ein Dorn ist. P_5 mit 2 Borsten versehen, von denen die mediale länger (bis doppelt so lang) als die laterale ist. Rec. sem. einfach, quergelagert, in der Mitte nach vorn vorgewölbt (Fig. 29c). Eierballen wenige, große Eier enthaltend. — L. ♀ 0,4—0,5 mm.

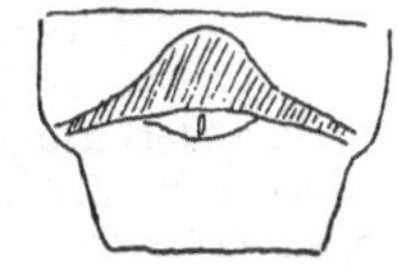

Fig. 29c. **B. anninae** ♀. Rec. sem. (nach Menzel).

Java (feuchtes Moos), Neue Hebriden (Wasser in einer leeren Kokosnußschale).

10. Gen. **Orthocyclops** E. B. Forb.

1897 *Cyclops (O.)*, E. B. Forbes in: Bull. Illinois Laborat., *v.* 5 p. 51 | 1928 *O.*, F. Kiefer in: Zool. Jahrb., Syst. *v.* 54 p. 552.

Cyclops oder *Mesocyclops* ähnlich; aber P_5 3gldr., Endgl. mit 2 Anhängen bewehrt, die sich völlig gleichen und als Stacheln oder starre Borsten bezeichnet werden können. Borstenformel der Endgl. von Exp.$_1$—Exp.$_4$: 5 • 5 • 5 • 5.

1 Art.

1. **O. modestus** (Herrick) 1883 *Cyclops m.*, C. L. Herrick in: Amer. Natural., *v.* 18 p. 500 t. 5 f. 21—23 | 1893 *C. capilliferus*, S. A. Forbes in: Bull. U. S. Fish Comm., *v.* 11 p. 248 t. 40 f. 14—17 t. 41 f. 18 | 1897 *C. (Orthocyclops) modestus*, E. B. Forbes in: Bull. Illinois Laborat., *v.* 5 p. 51 t. 15 f. 4 t. 16 f. 1—3 | 1909 *C. m.*, C. D. Marsh in: Tr. Wisconsin Ac., *v.* 16 part 2 p. 1093 t. 78 f. 1—4 | 1927 *Orthocyclops m.*, F. Kiefer in: Zool. Anz., *v.* 72 p. 265 f. 6—14.

Mäßig schlank. Cephalothorax doppelt so groß wie die folgenden Thoraxsegm. zusammen, etwa trapezförmig, da die Stirn breit und gerade abgeschnitten ist. Gensegm. vorn etwas verbreitert. Abd. nach hinten kaum verschmälert. Furcaläste ungefähr $3^1/_3$mal so lang wie breit. Medialrand behaart; Lateralrandborste etwa in der Mitte sitzend; medialste Endborste mehrmals länger als die lateralste, fast so lang wie die lateral-mittlere. 1. Antennen 16gldr., höchstens bis zum Hinterrand des 2. Thoraxsegm. reichend. Äste der Schwimmbeine 3gldr., Dornformel 3 • 4 • 3 • 3. Endglied des Enp.$_4$ $2^1/_4$mal so lang wie breit, medialer Enddorn länger als der laterale, beide länger als das Gl. Verbindungsplatte der Füße des 3. und 4. Paares jederseits mit 1 Zahn. P_5 (Fig. 30) 3gldr., Grundgl. unbewehrt, 2. Gl. mit Lateralborste, Endgl. mit 2 sich kreuzenden, unbefiedert erscheinenden Stachelborsten. Rec. sem. dem des *Mesocyclops Leuckarti* einigermaßen ähnlich. ♂ nicht beschrieben. — L. 0,8—1,2 mm.

Fig. 30. **O. modestus** ♀. P_5 (Orig.)

Nordamerika.

11. Gen. **Mesocyclops** O. Sars

1863 *Cyclops* (part.), C. Claus, Freileb. Cop., p. 96 | 1892 *C.* (part.), Schmeil in: Bibl. zool., pars 11 p. 15 | 1903 *Bifida Chaetophora*, A. Graeter in: Rev. Suisse Zool., *v.* 11 p. 471 | 1914 *Mesocyclops*, G. O. Sars, Crust. Norway, *v.* 6 p. 57 | 1927 *M.*, Kiefer in: Zool. Anz., *v.* 73 p. 307 | 1928 *M.*, F. Kiefer in: Zool. Jahrb., Syst. *v.* 54 p. 552.

Körper meist ziemlich schlank; Vorder- und Hinterkörper scharf gegeneinander abgesetzt. Letztes Thoraxsegm. zum Teil mit Spuren eines seitlichen

Börstchenbesatzes. Furcaläste meist kurz, Lateralrand ohne „Säge"; medialste Endborste in der Regel gut entwickelt. 1. Antennen 17 gldr., die beiden Endgl. mit hyalinem Hautsaum. Äste der Schwimmbeine 3 gldr. P_5 2 gldr., Grundgl. mit 1 Lateralborste, Endgl. mit 1 Endborste und 1 schlanken Dorn (Stachel), der am Ende sitzt oder am Medialrand hinabgerückt steht. Rec. sem. hammerförmig (Fig. 38, 44). Die Arten leben meist mehr oder weniger planktisch in größeren Gewässern, seltener in Tümpeln; besonders in den Tropen verbreitet.

2 Untergattungen mit 16 sicheren Arten[1]), davon 1 mit 3 Unterarten; 1 unsichere Art.

Übersicht der Untergattungen und Arten:

1	Dorn des Endgl. vom P_5 am Medialrand sitzend (Fig. 31 a) (a. Subgen. *Mesocyclops* s. str.) — 2	
	Dorn des Endgl. vom P_5 am Ende sitzend (Fig. 36 b) (b. Subgen. *Thermocyclops*) — 6	
2	Verbindungsplatte der Füße des 4. Paares jederseits mit einem mehr oder weniger großen Zahn — 3	
	Diese Platte ohne Zahn — 5	
3	Furcaläste rund 5 mal so lang wie breit, ihr Medialrand behaart	3. **M. annulatus**
	Furcaläste höchstens 4-, meist nur 3 mal so lang wie breit — 4	
4	Rec. sem. wie in Fig. 31 b	1. **M. Leuckarti**
	Rec. sem. wie in Fig. 32	2. **M. longisetus**
5	Medialer Enddorn am Endgl. des $Enp._4$ kürzer als der laterale	4. **M. meridianus**
	Dieser Enddorn etwa doppelt so lang wie der laterale .	5. **M. tenuis**
6	Der Stachel medial am Endgl. des 5. Füßchens nicht oder nur wenig länger als die benachbarte Borste — 7	
	Dieser Stachel länger, bis doppelt so lang wie die Borste — 14	
7	Verbindungsplatte der Füße des 4. Paares jederseits mit 1 großen, runden, bedornten Höcker — 8	
	Diese Platte mit 1 kleinen unbewehrten Höcker oder ohne solchen — 11	
8	Furcaläste schlank; medialer Enddorn am Endgl. des $Enp._4$ fast doppelt so lang wie das Gl.	6. **M. oithonoides**[2])
	Furcaläste kürzer; der fragliche Dorn nur wenig länger als das Gl. — 9	
9	Medialste Furcalendborste fast so lang wie die laterale mittlere — 10	
	Diese Borste nur etwa halb so lang wie die laterale mittlere	9. **M. neglectus**
10	Rec. sem. wie in Fig. 36 c	7. **M. hyalinus**[3])
	Rec. sem. wie in Fig. 37	8. **M. Schuurmanae**
11	Die dorsale Furcalborste kurz — 12	
	Diese Borste fast so lang wie die medialste Endborste oder länger — 13	
12	Medialer Enddorn am Endgl. des $Enp._4$ kürzer als der laterale	10. **M. Dybowskii**
	Dieser Dorn doppelt so lang wie der laterale	11. **M. inopinus**

---

[1]) Dazu kommen noch 4 im „Nachtrag" behandelte Arten.

[2]) Vgl. auch *M. (T.) macracanthus* Kiefer — „Nachtrag" p. 90.

[3]) Vgl. auch *M. (T.) infrequens* Kiefer, *M. (T.) retroversus* Kiefer und *M. (T.) decipiens* Kiefer — „Nachtrag" p. 90 f.

13	Medialer Enddorn am Endgl. des $Enp._4$ 2—3mal so lang wie der laterale	15. **M. Emini**
	Beide Dornen etwa gleich lang, stark gespreizt	16. **M. Brehmi**
14	Rec. sem. wie in Fig. 38	12. **M. oblongatus**
	Rec. sem. dem des *M. hyalinus* ähnlich — 15	
15	Medialer Enddorn am Endgl. des $Enp._4$ wenig länger als der laterale	13. **M. Schmeili**
	Dieser Dorn rund doppelt so lang wie der laterale . . .	14. **M. Rylovi**

a) Subgen. **Mesocyclops** s. str.

1927 Subgen. *M.*, F. Kiefer in: Zool. Anz., *v.* 73 p. 307 | 1928 *M.*, F. Kiefer in: Zool. Jahrb., Syst. *v.* 54 p. 552.

Der Dorn oder Stachel am Endgl. des 5. Füßchens ist am Medialrand eingelenkt (Fig. 31a).

5 Arten, davon 1 mit 3 Unterarten (nr. 1—5).

Typus: *M. (M.) Leuckarti* (Cls.)

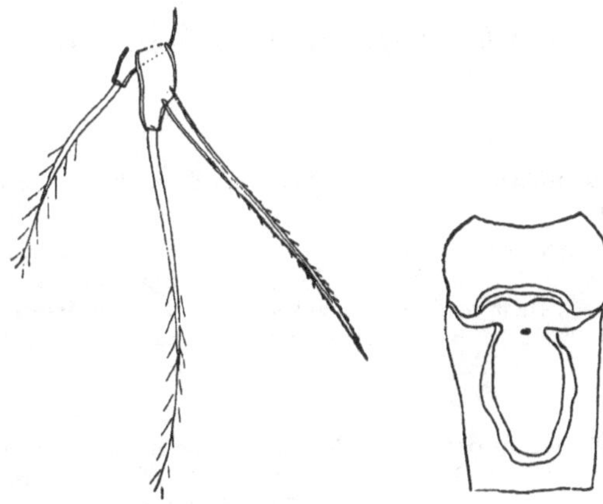

a b

Fig. 31. **M. (M.) Leuckarti** ♀. *a)* P_5, *b)* Rec. sem. (Orig.).

1. **M. (M.) Leuckarti** (Cls.) 1857 *Cyclops L.*, C. Claus in: Arch. Naturg., *v.* 23 I p. 35 t. 1 f. 4 t. 2 f. 13, 14 | 1874 *C. simplex,* Poggenpol in: Nachr. Ges. Moskau, *v.* 10 pars 2 p. 70 t. 15 f. 1—3 | 1875 *C. tenuicornis* (non C. Claus), Uljanin, ibid., *v.* 11 pars 6 p. 30 t. 9 f. 12, 13 | 1878 *C. leuwenhoeki,* Hoek in: Tjidschr. Nederl. dierk. Ver., *v.* 3 p. 19 t. 3 f. 1—12 | 1884 *C. oithonoides* (non G. O. Sars), C. L. Herrick in: Rep. geol. Surv. Minnesota, *v.* 12 p. 15 t. S f. 2—6 | 1884 *C. pectinatus,* Daday in: Math. termész. Közlem., *v.* 19 p. 223 t. 1 f. 7—13 | 1889 *C. lucidus,* Russki in: Trudy Kasan. Univ., *v.* 19 fasc. 4 p. 27 f. 7—12 | 1892 *C. leuckarti,* Schmeil in: Bibl. zool., pars 11 p. 57 t. 3 f. 1—8 | 1892 *C. scourfieldi* (part.), G. S. Brady in: Nat. Hist. Tr. Northumb., *v.* 11 part 1 p. 75 t. 4 (non t. 6 f. 6—8!) | ?1906 *C. aspericornis,* Daday in: Zool. Jahrb., Syst. *v.* 24 p. 181 t. 14 f. 1—6 | 1908 *C. leuckarti* var. *australiensis,* G. O. Sars in: Arch. Naturv. Kristian., *v.* 29 nr. 7 p. 16 t. 3 f. 19—24 | ?1909 *C. albicans,* G. Smith in: Tr. Linn. Soc. London, ser. 2 *v.* 11 p. 89 t. 16 f. 8—12 | 1909 *C. pulchellus,* Byrnes in: Cold Spring Harb. Monogr., nr. 7 p. 24 t. 10 f. 1—3 | ?1911 *C. dybowski* var. *Fortii,* V. Brehm in: Arch. Hydrob. Planktonk., *v.* 6 p. 486 | 1914 *Mesocyclops obsoletus* (non Koch), G. O. Sars, Crust. Norway, *v.* 6 p. 58 t. 35 | 1925 *Cyclops Monardi,* Perret in: Z. Hydrol., *v.* 3 p. 41 t. 4 f. 1—6 | 1927 *Mesocyclops major,* G. O. Sars in: Ann. S. Afr. Mus., *v.* 25 p. 116 t. 11 f. 16—20 | 1929 *M. Leuckarti,* F. Kiefer in: Z. wiss. Zool., *v.* 133 p. 4 f. 1—6.

Körper ziemlich schlank. Gensegm. vorn nur schwach verbreitert. Furcaläste 3—$3^1/_2$mal so lang wie breit, wenig gespreizt, Medialrand allermeist kahl; Lateralrandborste teilt den Rand ungefähr im Verhältnis 5 : 3; medialste Endborste gut doppelt so lang wie die lateralste. 1. Antennen 17gldr., zum Hinterrand des 3. Thoraxsegm. reichend; die beiden Endgl. mit hyalinem Hautsaum, der des Endgl. in der vorderen Hälfte mit einem großen rundlichen Ausschnitt, seltener mit 2 oder 3 kleineren, proximal davon ist der Rand oft noch fein gezähnelt. Oberrand des 2. Gl. des Maxillipeden mit Kerben (sog. „geperlte Kontur"). Äste der Schwimmbeine 3gldr. Endgl. des $Enp._4$ durchschnittlich 3—$3^1/_2$, seltener bis $3^3/_4$mal so lang wie breit; von den Enddornen ist der mediale meist kürzer als der laterale; Verbindungsplatte der Füße des 4. Paares jederseits mit einem mehr oder weniger großen Zahn. P_5 2gldr., Stachel des Endgl. am Medialrand sitzend, etwas kürzer als die Endborste (Fig. 31 a). Rec. sem. (Fig. 31 b). Eierballen meist groß, vom Abd. etwas abstehend. — L. ♀ 0,9—1,3 mm, ♂ 0,8—1 mm.

Lebt planktisch in großen Gewässern, findet sich aber auch in Teichen, Weihern und Gräben.

Europa, Amerika, Asien, Afrika, Australien (aber sicher nicht immer richtig erkannt).

3 Unterarten:

1a. **M. (M.) L. bodanicola** Kiefer 1929 *M. L. b.*, F. Kiefer in: Z. wiss. Zool., *v.* 133 p. 17 f. 7—10.

Sehr schlank. Furcaläste fast 4mal so lang wie breit. Kerbe des Hautsaumes am Endgl. der 1. Antennen sehr klein. Endgl. des $Enp._4$ ungefähr $3^3/_4$mal so lang wie breit, am Ende mit einer medialen Fiederborste und einem lateralen Dorn bewehrt. Medialer Stachel am Endgl. des P_5 nur etwa halb so lang wie die Endborste.

Bodensee.

1b. **M. (M.) L. aequatorialis** Kiefer 1906 *Cyclops aspericornis* (part.), Daday in: Zool. Jahrb., Syst. *v.* 24 p. 181 t. 14 f. 1—6 | 1907 *?C. simillimus*, G. S. Brady in: Ann. trop. Med., *v.* 1 p. 424 t. 35 f. 15, 16 | 1927 *Mesocyclops obsoletus* (non G. O. Sars 1914), G. O. Sars in: Ann. S. Afr. Mus., *v.* 25 p. 112 t. 10 f. 14—18 | 1929 *M. Leuckarti aequatorialis* und *M. L. a.* forma *micrura*, F. Kiefer in: Z. wiss. Zool., *v.* 133 p. 17 f. 11, 12.

Kräftiger gebaut als die typische Art. Furcaläste kürzer, nur etwa 3mal so lang wie breit oder noch kürzer (nur $2^1/_2$mal so lang wie breit bei der forma *micrura*). Endgl. des $Enp._4$ verhältnismäßig breiter, $2^1/_2$—$2^3/_4$mal so lang wie breit; die beiden Endanhänge sind kräftige Dornen, der mediale meist beträchtlich länger als der laterale.

Äquatorialafrika; Indien; Sundainseln.

1c. **M. (M.) L. edax** (S. Forb.) 1891 *Cyclops e.*, S. A. Forbes in: Rep. U. S. Fish Comm. (for 1887), p. 709 t. 3 f. 15, t. 4 f. 1—20 | 1897 *C. e.*, E. B. Forbes in: Bull. Illinois Laborat., *v.* 5 p. 33 t. 9 f. 1—3 | 1909 *C. Leuckarti* (part.), C. D. Marsh in: Tr. Wisconsin Ac., *v.* 16 p. 1081 | 1929 *Mesocyclops L. edax*, F. Kiefer in: Zool. Anz., *v.* 80 p. 306 f. 4—5.

Furcaläste innen behaart. Die Hyalinmembran am Endgl. der ♀ Vorderantennen besitzt mehrere größere Einschnitte und erscheint dadurch grob gezähnt. Die beiden Enddornen am Endgl. des $Enp._4$ sind stark längenverschieden, der mediale erreicht nur etwa $^2/_3$ der Länge des lateralen. Der Stachel am Medialrand des Endgl. vom P_5 ist länger als die Endborste.

Nordamerika.

2. **M. (M.) longisetus** (Thiébaud) 1893 *Cyclops simplex* var. *setosa*, Wierzejski in: Rozpr. Ak. Krakow, *v.* 24 p. 236 t. 5 f. 8—10 | 1905 *C. Dybowskii* (non Lande), Daday in: Zool., *v.* 18 fasc. 44 p. 140 t. 8 f. 18—22 | ?1905 *C. strenuus*, Daday, ibid., p. 142 t. 9 f. 3, 4 | 1914 *C. leuckarti* var. *longiseta*, Thiébaud in: Mém. Soc. Neuchâtel, *v.* 5 p. 165 f. 6—8 | 1929 *Mesocyclops longisetus*, F. Kiefer in: Z. wiss. Zool., *v.* 133 p. 22 f. 13—17.

Im allgemeinen dem *M. Leuckarti* (nr. 1) ähnlich, jedoch viel kräftiger gebaut. Furcaläste 3 mal so lang wie breit, medial behaart; die 3 medialen Endborsten sehr lang. 1. Antennen kürzer, bis zum 2. Thoraxsegm. reichend, Hautsaum des Endgl. unregelmäßig gezähnelt oder gekerbt. Dornen am Endgl. des $Exp._4$ kräftig, der mediale etwas kürzer als der laterale. Verbindungsplatte der Füße des 4. Paares jederseits mit 1 kräftigen Zahn. Rec. sem. (Fig. 32) dem des *M. Dybowskii* ähnlich, mit nach rückwärts gekrümmten vorderen Seitenabschnitten. — L. ♀ 1,6—1,8 mm. ♂ nicht beschrieben.

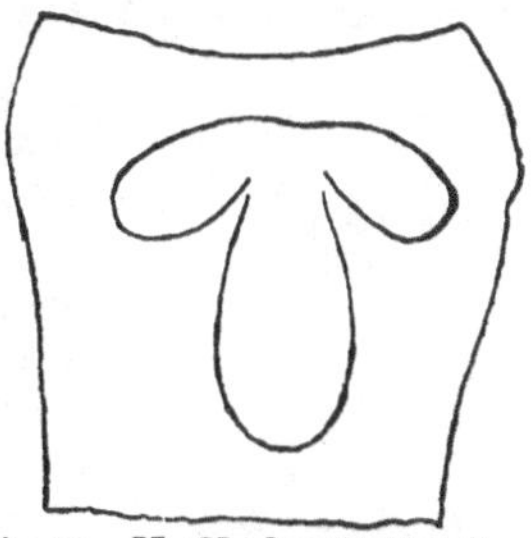

Fig. 32. M. (M.) longisetus ♀. Rec. sem. (Orig.).

Südamerika (Kolumbien, Argentinien, Paraguay).

3. **M. (M.) annulatus** (Wrzski.) 1893 *Cyclops a.*, Wierzejski in: Rozpr. Ak. Krakow, *v.* 24 p. 237 t. 6 f. 14—18 | 1902 *C. spinifer*, Daday in: Termész. Füzetek, *v.* 25 p. 208 t. 2 f. 12—18 | 1925 *C. leuckarti* var. *vincentiana*, Brian in: Mem. Soc. ent. Ital., *v.* 4 p. 191 | ?1927 *C. tenuisaccus*, G. O. Sars in: Ann. S. Afr. Mus., *v.* 25 p. 108 t. 10 f. 1—13 | 1927 *C. vincentianus*, Brian in: Boll. Soc. ent. Ital., *v.* 59 p. 126 f. 1—7 | 1929 *Mesocyclops annulatus*, F. Kiefer in: Z. wiss. Zool., *v.* 133 p. 19 f. 21—23.

Große Art. Furcaläste gestreckt, ungefähr 5 mal so lang wie breit, ihr Medialrand behaart; medialste Endborste stark doppelt so lang wie die lateralste. 1. Antennen ♀ 17 gldr., kurz, nur etwa zur Mitte des 2. Thoraxsegm. reichend; der Hautsaum des Endgl. ist unregelmäßig ausgezackt. Endgl. des $Enp._4$ ungefähr $2^1/_2$ mal so lang wie breit, der mediale Enddorn kürzer als der laterale, der wieder etwas kürzer ist als das Gl. P_5 dem des *M. Leuckarti* ähnlich. Rec. sem. einfach gebaut, ähnlich dem des *M. meridianus* (Fig. 33). ♂ nicht näher beschrieben. — L. ♀ etwa 1,5 mm, ♂ rund 1 mm.

Südamerika (Argentinien, Paraguay).

4. **M. (M.) meridianus** (Kiefer) 1926 *Cyclops m.*, F. Kiefer in: Zool. Anz., *v.* 69 p. 23 f. 8—10 | 1927 *C. m.*, Pesta, ibid., *v.* 73 p. 77 f. 6a, b | 1929 *Mesocyclops m.*, F. Kiefer in: Z. wiss. Zool., *v.* 133 p. 22 f. 19, 20.

Vom allgemeinen Aussehen eines *M. Leuckarti.* Furcaläste nicht ganz $3^1/_2$ mal so lang wie breit, leicht gespreizt, Seitenborste etwas unterhalb der Mitte des Lateralrandes; Medialrand kahl (oder leicht behaart?); medialste Endborste über 3 mal so lang wie die lateralste. 1. Antennen 17 gldr., bis zur Mitte des 3. Thoraxsegm. reichend; die 2 Endgl. mit hyalinem Hautsaum, der des Endgl. im vorderen Teil mit einigen kleineren Kerben, sonst fein gezähnelt. Endgl. des $Enp._4$ kaum doppelt so lang wie breit, der mediale Enddorn etwas kürzer als der laterale, dieser wieder etwas kürzer als das Gl. Verbindungsplatte der Füße des 4. Paares ohne jeden Zahn oder Höcker. P_5 ähnlich dem

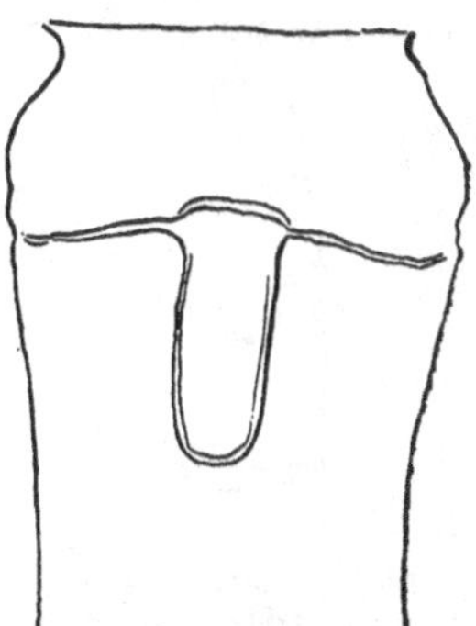

Fig. 33. M. (M.) meridianus ♀. Rec. sem. (Orig.).

des *M. Leuckarti*. Rec. sem. (Fig. 33) sehr einfach, die vorderen seitlichen Abschnitte sehr schmal. Eierballen und ♂ unbekannt. — L. ♀ 1,24—1,42 mm.

Paraguay, Argentinien.

5. **M. (M.) tenuis** (C. D. Marsh) 1909 *Cyclops t.*, C. D. Marsh in: Tr. Wisconsin Ac., *v.* 16 p. 1085 t. 75 f. 4—9 t. 76 f. 5.

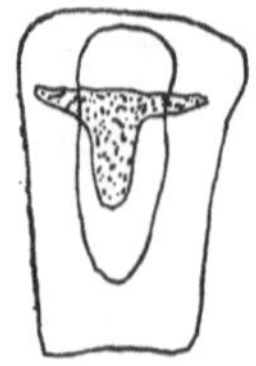

Fig. 84.
M. (M.) tenuis ♀.
Rec. sem. (nach Marsh).

Schlank. Furcaläste etwa 3mal so lang wie breit, parallel, Lateralrand glatt, Seitenrandborste in der Mitte, medialste Endborste lang. 1. Antennen 17gldr., über das 2. Thoraxsegm. reichend, Endgl. ohne Hautsaum(?). Schwimmbeine mit 3gldr. Ästen. Endgl. des $Enp._4$ ähnlich wie bei *M. hyalinus* mit einem langen, leicht geschwungenen medialen und einem nur ungefähr halb so langen lateralen Dorn bewehrt. P_5 wie bei *M. Leuckarti*(?) Rec. sem.: Fig. 34. Eierballen und ♂ nicht beschrieben. — L. ♀ 1,1 mm.

Nordamerika.

b) Subgen. **Thermocyclops** Kiefer

1927 *Mesocyclops (T.)*, F. Kiefer in: Zool. Anz., *v.* 73 p. 308 | 1928 *M. (T.)*, F. Kiefer in: Zool. Jahrb., Syst. *v.* 54 p. 552.

Der Dorn oder Stachel am Endgl. des 5. Füßchens ist apikal, neben der Endborste eingelenkt (Fig. 36b).

11 Arten (nr. 6—16)[1].

Typus: *M. (T.) oithonoides* (O. Sars)

6. **M. (T.) oithonoides** (O. Sars) 1863 *Cyclops o.*, G. O. Sars in: Forh. Selsk. Christian. (Aar 1862), p. 241 | ?1883 *C. tenuissimus*, C. L. Herrick in: Amer. Natural., *v.* 18 p. 499 t. 5 f. 24, 25 t. 6 f. 20, 21 | 1892 *C. oithonoides*, Schmeil in: Bibl. zool., pars 11 p. 64 t. 4 f. 6—11 | 1914 *Mesocyclops o.*, G. O. Sars, Crust. Norway, *v.* 6 p. 59 t. 36.

Sehr schlank. Furcaläste leicht gespreizt, bis 3½mal so lang wie breit: medialste Endborste mehrmals länger als die lateralste, nicht viel kürzer als die lateral-mittlere. 1. Antennen ♀ 17gldr., bis zur Mitte des 4. Thoraxsegm. reichend; die 2 Endgl. mit sehr schmalem, ganzrandigem Hautsaum. Äste der Schwimmbeine 3gldr. Verbindungsplatte der Füße des 4. Paares jederseits mit rundem Höcker, auf dem zahlreiche feinste Dörnchen sitzen (Fig. 35). Endgl. des $Enp._4$ schlank, medialer Enddorn länger als das Gl., etwas gekrümmt, bis 5mal so lang wie der kurze laterale. P_5 2gldr., Endgl. mit 2 Endanhängen, 1 Fiederborste und 1 medialer Stachel. Rec. sem. hammerförmig, sehr ähnlich dem des *M. hyalinus*. Eierballen klein, nur wenige Eier enthaltend, anliegend. — L. ♀ bis 0,9 mm, ♂ 0,6 mm.

Fig. 35.
M. (T.) oithonoides ♀.
Verbindungsplatte der Füße des 4. Paares (Orig.).

Lebt planktisch in großen Gewässern.

Europa; Asien; Nordamerika(?); Afrika(?).

---

[1]) Dazu 4 Arten, die im „Nachtrag" behandelt sind (p. 90f.).

7. **M. (T.) hyalinus** (Rehb.) 1880 *Cyclops h.* (non Joseph), H. Rehberg in: Abh. Ver. Bremen, *v.* 6 p. 542 t. 6 f. 1, 2 | ?1889 *C. cabanensis*, Russki in: Trudy Kasan. Univ., *v.* 19 fasc. 4 p. 29 f. 1—6 | 1892 *C. oithonoides* var. *hyalina*, Schmeil in: Bibl. zool., pars 11 p. 68 t. 4 f. 12—14 | 1892 *C. scourfieldi* (part.), G. S. Brady in: Nat. Hist. Tr. Northumb., *v.* 11 part 1 p. 75 t. 6 f. 6—8 | 1914 *Mesocyclops crassus*, G. O. Sars, Crust. Norway, *v.* 6 p. 61 t. 37.

Weniger schlank als *M. (T.) oithonoides.* Furcaläste kurz, kaum $2^1/_2$mal so lang wie breit. Medialste Endborste wenig kürzer als die lateral-mittlere. 1. Antennen höchstens bis zum Hinterrand des 2. Thoraxsegm. reichend. Endgl. des $Enp._4$: Medialer Enddorn kaum so lang wie das Gl., meist nur $^2/_3$mal

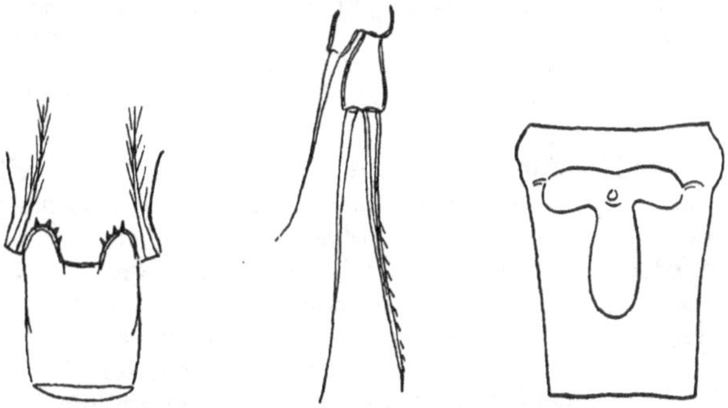

Fig. 36. **M. (T.) hyalinus** ♀. *a)* Verbindungsplatte der Füße des 4. Paares, *b)* P_5, *c)* Rec. sem (Orig.).

so lang, lateraler die Hälfte oder $^2/_3$ davon. Verbindungsplatte der Füße des 4. Paares jederseits mit einem starken Höcker, auf dem je 3—4 kräftige Dörnchen sitzen (Fig. 36a). P_5 (Fig. 36b) mit dem des *M. (T.) oithonoides* übereinstimmend; Rec. sem. (Fig. 36c) etwa ebenso. Eierballen größer als bei *M. (T.) oithonoides* und mehr als 6 Eier enthaltend. — L. ♀ 0,8—0,9 mm, ♂ kleiner.

Europa; Afrika; Asien; Mittelamerika.

8. **M. (T.) Schuurmanae** Kiefer 1893 *Cyclops oithonoides* var., J. Richard in: Rev. biol. Nord France, *v.* 5 p. 402 f. 1—4 | 1912 *C. o.*, Douwe in: Ergeb. D. Zentr.-Afr. Exp. 1907/08, *v.* 3 p. 489 t. 9 f. 5—7, 9 | 1928 *Mesocyclops Schuurmanae*, Kiefer in: Zool. Anz., *v.* 76 p. 15 f. 29—33.

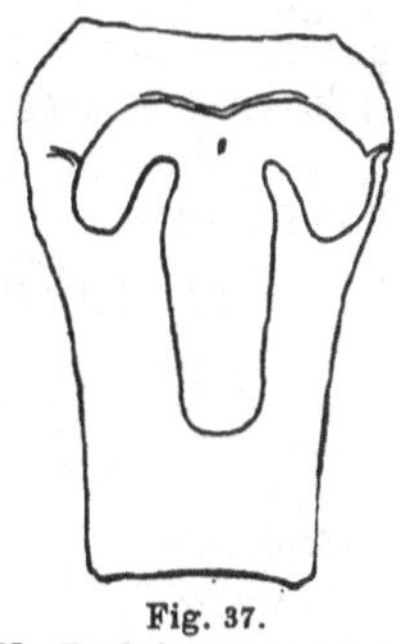

Fig. 37. **M. (T.) Schuurmanae** ♀, Rec. sem. (Orig.).

Dem *M. (T.) hyalinus* (nr. 7) ähnlich; aber schlanker. Dörnchenkranz am ventralen Hinterrand des Analsegm. aus je nur 5 Dörnchen bestehend. Furcaläste mäßig gespreizt, rund 3mal so lang wie breit; medialste Endborste rund 3mal so lang wie die lateralste. 1. Antennen 17gldr., zum Hinterrand des 2. Thoraxsegm. reichend. Schwimmbeine wie bei *M. (T.) hyalinus.* P_5 ebenso, nur ist der Stachel etwas länger als die Endborste. Rec. sem. (Fig. 37) mit zurückgebogenen vorderen Seitenabschnitten, dadurch dem des *M. Dybowskii* gleichend. Eierballen klein, rund, wenig Eier enthaltend. — L. ♀ kaum 1 mm, ♂ kleiner und schlanker.

Südafrika, Ostafrika.

9. **M. (T.) neglectus** (O. Sars) 1892 *Cyclops hyalinus* (non Rehberg), Guerne & J. Richard in: Mém. Soc. zool. France, *v.* 5 p. 535 f. 7, 8 | 1909 *C. neglectus*, G. O. Sars in: P. zool. Soc. London, p. 51 t. 14 f. 113—117 | 1927 *Mesocyclops n.*, G. O. Sars in: Ann. S. Afr. Mus., *v.* 25 p. 113 t. 10 f. 19—22.

Dem *M. (T.) hyalinus* (nr. 7) sehr ähnlich; aber: medialste Furcalendborste kurz, nur etwa $^1/_2$ so lang wie die lateral-mittlere. 1. Antennen nur bis zum Hinterrand des Cephalothorax reichend oder wenig länger. — L. ♀ 0,73—0,80 mm, ♂?

Ost- und Südafrika.

10. **M. (T.) Dybowskii** (Lande) 1890 *Cyclops D.*, Lande in: Pam. Fizyjogr., *v.* 10 p. 363 t. 17 f. 60—68 | 1891 *C. hyalinus* (H. Rehberg?), Schmeil in: Z. Naturw., *v.* 64 p. 26 | 1892 *C. Dybowskii*, Schmeil in: Bibl. zool., pars 11 p. 72 t. 4 f. 1—5 | 1901 *C. crassus*, Lilljeborg in: Svenska Ak. Handl., *v.* 35 nr. 4 p. 38 t. 3 f. 1—3 | 1914 *Mesocyclops Dybowskyi*, G. O. Sars, Crust. Norway, *v.* 6 p. 62 t. 38.

Mäßig schlank. Furcaläste rund 3mal so lang wie breit. Medialste Endborste nicht doppelt so lang wie die lateralste. 1. Antennen 17gldr., bis zum Hinterrand des 2. Thoraxsegm. reichend; die 2 Endgl. mit schmalem, ganzrandigem Hautsaum. Äste der Schwimmbeine 3gldr. Endgl. des Enp.$_4$ apikal mit 2 Stacheln, von denen der mediale etwas kürzer ist als der laterale. Verbindungsplatte der Füße des 4. Paares ohne hervorragende Höcker. P_5 dem des *M. (T.) oithonoides* sehr ähnlich. Rec. sem. dem des *M. (T.) oithonoides* ähnlich, die beiden seitlichen Abschnitte jedoch nach hinten gebogen. Eierballen groß, etwas abstehend. — L. ♀ 0,9—1,1 mm, ♂ 0,8 mm.

Europa; Nordafrika; Asien (Turkestan).

11. **M. (T.) inopinus** (Kiefer) 1926 *Cyclops i.*, F. Kiefer in: Zool. Anz., *v.* 66 p. 267 f. 4a, b.

Vom Aussehen eines *M. (M.) Leuckarti* (nr. 1). Furcaläste nahezu parallel, etwa $3^1/_2$mal so lang wie breit; Vorderantennen 17gldr., reichen zurückgeschlagen ein wenig über den Hinterrand des 2. Thoraxsegm.; die beiden Endgl. mit ganzrandiger Membran. Von den 2 Enddornen am Enp.$_4$ ist der mediale ungefähr doppelt so lang wie der laterale; Verbindungsplatte der beiden Füße des 4. Paares am freien Rand jederseits mit rundem, unbewehrtem Höcker. P_5 und Rec. sem. ähnlich dem von *M. (T.) Dybowskii*. — L. ♀ 1,16 mm, ♂ unbekannt.

Ostafrika (Massaisteppe).

12. **M. (T.) oblongatus** O. Sars 1927 *M. o.*, G. O. Sars in: Ann. S. Afr. Mus., *v.* 25 p. 114 t. 11 f. 1—15.

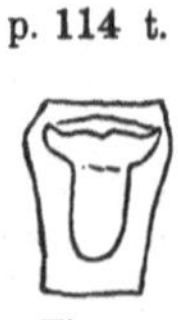

Fig. 38.
M. (T.) oblongatus ♀. Rec. sem. (nach G. O. Sars).

Dem *M. (T.) hyalinus* ähnlich, aber schlanker. Furcaläste etwas länger, parallel, 3mal so lang wie breit; lateralste Endborste kurz, medialste mehrmals länger. 1. Antennen 17gldr., kaum zum Hinterrand des 2. Thoraxsegm. reichend. Schwimmbeine, insbesondere das Endgl. des Enp.$_4$ wie bei *M. (T.) hyalinus* (nr. 7) und *M. (T.) neglectus* (nr. 9). P_5 ebenso, Stachel ziemlich länger als die Endborste. Rec. sem. dem des *M. (M.) Leuckarti* ähnlich (Fig. 38). Eierballen klein, dem Abd. anliegend. — L. ♀ 0,9 mm.

Südafrika.

13. **M. (T.) Schmeili** (Poppe & Mrázek) 1895 *Cyclops S.*, Poppe & Mrázek in: Mt. Mus. Hamburg, *v.* 12 p. 132 t. 2 f. 5—11.

Dem *M. (T.) Dybowskii* nahe stehend. Aber: Furcaläste doppelt so lang wie das Analsegm. 1. Antennen ♀ kürzer als der Cephalothorax. 16. und 17. Gl. ohne hyaline Membran? Verbindungsplatte der Füße des 4. Paares jederseits mit 4—5 steifen kurzen Härchen besetzt; am Endgl. des $Enp._4$ der mediale Enddorn etwas länger, aber schwächer als der laterale. P_5: am 2. Gl. medialer Enddorn sehr stark, weit länger als die laterale Borste. Rec. sem. scheint dem des *M. (M.) Leuckarti* ähnlich zu sein. Eierballen? — L. ♀ 0,90 mm.

Zanzibar.

14. **M. (T.) Rylovi** Smirnov 1928 *M. r.*, Smirnov in: Trav. Soc. Leningrad, C.R. *v.* 58 p. 17 f. 5—8 | 1929 *M. r.*, Smirnov in: Zool. Anz., *v.* 80 p. 38 f. 1—5.

Im allgemeinen Aussehen dem *M. (T.) hyalinus* ähnlich. Furcaläste ungefähr 3mal so lang wie breit; medialste Endborste stark doppelt so lang wie die lateralste und mehr als halb so lang wie die medial-mittlere. 1. Antennen 17gldr. Äste der Schwimmbeine 3gldr. Endgl. des $Enp._4$ gestreckt, medialer Enddorn schwach, doppelt so lang wie der laterale. Verbindungsplatte der Füße des 4. Paares jederseits mit einem niederen, breiten Höcker, der mit einigen kräftigen Dörnchen besetzt ist. P_5 2gldr., Borste des Grundgl. kurz; der Stachel des Endgl. länger als die Borste. Rec. sem. dem des *M. (T.) hyalinus* ähnlich. Eierballen mit je 27—30 Eiern. ♂ nicht beschrieben. — L. ♀ 0,9—1,07 mm.

Kaukasus (bei Tiflis und bei Machatsch-Kala [Petrowsk]).

15. **M. (T.) Emini** (Mrázek) 1895 *Cyclops e.*, Mrázek in: D.-O.-Afr., *v.* 4 p. 4 t. 2 f. 1, 3, 5, 6, 8 | 1909 *C. e.*, G. O. Sars in: P. zool. Soc. London, p. 50 t. 14 f. 108 bis 112.

Dem *M. (T.) oithonoides* sehr nahe stehend. Aber: dorsale Furcalborste ungewöhnlich lang, länger als die medialste Endborste; lateraler Enddorn am Endgl. des $Enp._4$ $^1/_3$ des medialen erreichend. Verbindungsplatte der beiden Füße des 4. Paares jederseits mit einem flachen runden unbewehrten Höcker. — L. ♀ 0,95 — 1 mm.

Ostafrika; Südafrika.

16. **M. (T.) Brehmi** Kiefer 1927 *M. B.*, F. Kiefer in: Zool. Anz., *v.* 74 p. 117 f. 11—15.

Schlank. Gensegm. proximal nur wenig verbreitert, so lang wie die 3 folgenden Abdsegm. zusammen. Furcaläste auffallend stark gespreizt, rund 4mal so lang wie breit, Medialrand kahl. Medialste Endborste fast so lang wie die laterale der beiden mittleren; dorsale Borste fast ebenso lang. 1. Antennen ♀ 17gldr., zum Hinterrand des 3. Thoraxsegm. reichend, der Hautsaum der beiden Endgl. ist sehr schmal, ganzrandig oder vielleicht auch ganz fein gezähnelt. Äste der Schwimmbeine 3gldr., Gl. schlank, Endgl. des $Enp._4$ rund 3,5mal so lang wie breit, die beiden Enddornen sind dünn, gleich lang (etwas kürzer als das Gl.) und der mediale stark vom lateralen abgespreizt. Verbindungsplatte der Füße des 4. Paares jederseits mit schwachem, unbewehrtem Höcker. Endgl. des P_5 nicht besonders schlank, mit apikaler Borste und ebensolchem Stachel bewehrt. Rec. sem. nicht genau bekannt. Eierballen und ♂ unbekannt. — L. ♀ 1 starken mm.

Uruguay.

Mesocyclopis species incerta

M. (T.) potamius (Burckhardt) 1913 *Cyclops p.*, Burckhardt in: Zool. Jahrb., Syst. *v.* 34 p. 447.

Beschreibung ungenügend.

China (Plankton des Sutschau-Flusses).

Cyclopidarum species incertae sedis

Cyclops[1]) **agilis** C. L. Koch 1838 *C. a.*, C. L. Koch, C. M. A., fasc. 21 nr. 3. Regensburg.

C. alpestris Daday 1883 *C. a.*, Daday in: Termész. Füzetek, *v.* 7 p. 46. Ungarn.

C. apus (Poda) 1761 *Monoculus a.*, Poda, Ins. Mus. Graec., p. 125.

C. aquaticus (Baker) 1764 *Pediculus a.*, Baker, Empl. Micr., part 2 p. 383.

C. aurantius S. Fisch. 1860 *C. a.*, S. Fischer in: Abh. Bayer. Ak., *v.* 8 p. 651 t. 20 f. 17, 18.

Sizilien (Palermo).

C. bistriatus C. L. Koch 1838 *C. b.*, C. L. Koch, C. M. A., fasc. 21 nr. 7. Regensburg.

C. bopsini Th. Stud. 1878 *C. b.*, Th. Studer in: Arch. Naturg., *v.* 44I p. 110 t. 4 f. 6.

Kerguelen-Inseln.

C. brasiliensis Dana 1848 *C. b.*, J. D. Dana in: P. Amer. Ac., *v.* 1 p. 150. Brasilien (Rio de Janeiro).

C. brevicornis Nic. 1849 *C. b.* (non Claus), H. Nicolet in: Gay, Hist. Chile, *v.* 3 p. 298.

L. 1,1 mm.

Chile.

C. cavernarum C. J. Ulr. 1902 *C c*, C. J. Ulrich in: Tr Amer. micr. Soc., *v.* 23 p. 95 t. 15 f. 18.

Vorderantennen 17gldr., bis zur Mitte des 1. Thoraxsegm. reichend. Keine Spur von Auge. Vorderkörper oval-länglich. Abdomen dick.

Texas (artesischer Brunnen).

C. coecus Pratz 1866 *C. c.*, Pratz, Grundw.-Thiere, p. 54 t. 3 f. 25—30 | 1892 *C. c.*, Schmeil in: Bibl. zool., pars 11 p. 181 f. 1.

C. bicuspidatus wohl nahestehend.

Brunnengewässer von München.

C. curticaudus Dana 1848 *C. c.*, J. D. Dana in: P. Amer. Ac., *v.* 1 p. 151. Chile (Valparaiso).

C. denticulatus Nic. 1849 *C. d.*, H. Nicolet in: Gay, Hist. Chile, *v.* 3 p. 298 t. 3.

L. 1,1 mm.

Chile.

---

[1]) Diese und alle folgenden unsicheren Formen werden als „*Cyclops*" bezeichnet, wobei *Cyclops* im alten, weiten Sinne zu verstehen ist. Es ist nicht möglich, die angeführten species incertae einwandfrei den neueren Gattungen zuzuweisen.

C. diaphanus S. Fisch. 1853 *C. d.*, S. Fischer in: Bull. Soc. Moscou, *v.* 26 I p. 93 t. 3 f. 6—12.

Insel Madeira, Baden-Baden, St. Petersburg.

C. dumasti Joly 1883 *C. d.*, Joly in: Mém. Ac. Toulouse, ser. 8 *v.* 5 II. p. 120 f. 1—8.

Heiße Schwefelquellen von Louchon (Pyrenäen).

C. geoffroyi Samuelle 1819 *C. g.*, G. Samuelle, Ent. Compend., p. 81.

C. hamatus Sowk. 1887 *C h.*, Sowinsky in: Mém. Soc. Kiew, *v.* 8 fasc. 2 Protok. p. 52.

Rußland.

C. harpactoides Schmank. 1875 *C h.*, Schmankewitsch in: Sapiski Nowoross. Obschtsch., *v.* 3 p. 190.

Rußland.

C. ignaeus Poggenpol 1874 *C. i.*, Poggenpol in: Nachr. Ges. Moskau, *v.* 10 pars 2 p. 73 t. 16 f. 16—21, t. 17 f. 1—3.

Rußland.

C. kievensis Sowk. 1887 *C. k.*, Sowinsky in: Mém. Soc. Kiew, *v.* 8 fasc. 2 Protok. p. 25.

Rußland.

C. kryllei Th. Stud. 1878 *C. k.*, Th. Studer in: Arch. Naturg., *v.* 44 I p. 111 t. 4 f. 7.

L. 2,5 mm.

Kerguelen-Inseln.

C. Learii C. J Ulr. 1902 *C. l.*, C. J. Ulrich in: Tr Amer. micr. Soc., *v.* 23 p. 95 t. 15 f. 19.

Vorderantennen 12gldr., kaum zum Hinterrand des Cephalothorax reichend; Vorderkörper oval. Keine Spur von Auge. Abd. ziemlich schlank.

Texas (artesischer Brunnen).

C. longispina R. Templ. 1836 *C. l.*, R. Templeton in: Tr. ent. Soc. London, *v.* 1 p. 196 t. 21 f. 12a—d.

Mauritius.

C. lucidulus C. L. Koch 1838 *C. l.*, C. L. Koch, C. M. A., fasc. 21 nr. 10.

Regensburg.

C. mac-leayi Dana 1848 *C. m.-l.*, J. D. Dana in: P. Amer. Ac., *v.* 1 p. 151.

Australien (Sydney).

C. miles Nic. 1849 *C. m.*, H. Nicolet in: Gay, Hist. Chile, *v.* 3 p. 298.

L. 0,45 mm.

Chile.

C. navicularis Say 1818 *C. n.*, Say in: J. Ac. Philad., *v.* 1 II p. 441.

Nordamerika.

C. nivalis Daday 1883 *C. n.*, Daday in: Termész. Füzetek, *v.* 7 p. 47.

Ungarn.

C. obesicornis R. Templ. 1836 *C. o.*, R. Templeton in: Tr. ent. Soc. London, *v.* 1 p. 196 t. 21 f. 11a, b.

Isle de France.

C. obsoletus C. L. Koch 1838 *C. o.*, C. L. Koch, C. M. A., fasc. 21 nr. 5.
Regensburg.

C. ornatus Poggenpol 1874 *C. o.*, Poggenpol in: Nachr. Ges. Moskau, *v.* 10 pars 2 p. 71 t. 15 f. 18, t. 16 f. 2—4.
Rußland.

C. pictus C. L. Koch 1838 *C. p.*, C. L. Koch, C. M. A., fasc. 21 nr. 1.
Regensburg.

C. pubescens Dana 1848 *C. p.*, J. D. Dana in: P. Amer. Ac., *v.* 1 p. 151.
Chile (Valparaiso).

C. pulchellus C. L. Koch 1838 *C. p.*, C. L. Koch, C. M. A., fasc. 21 nr. 2.
Regensburg.

C. puteanus F. Frey 1869 *C. p.*, F. Frey, Grundwassertiere, p. 16.
München (Brunnengewässer).

C. quadricornis (L.) 1758 *Monoculus q.*, Linné, Syst. Nat., ed. 10 p. 635.
(Kollektivart).

C. quadricornis C. L. Koch 1838 *C. q.*, C. L. Koch, C. M. A., fasc. 21 nr. 11.
Regensburg.

C. quadricornis (Müll.) var. **elongata** W. Baird 1850 *C. q.* (Müll.) var. *e.*, W. Baird, Brit. Entom., p. 202.

C. quadricornis (Müll.) var. **marmorata** Saccardo 1864 *C. q.* (Müll.) var. *m.*, Saccardo, Cenni An. entom., p. 8.
Italien.

C. roumaniae (juv.) Cosmovici 1900 *C. r.*, Cosmovici in: Bull. Soc. zool. France, *v.* 25 p. 162 f. 9.
Rumänien.

C. setosus Hald. 1842 *C. s.*, S. S. Haldeman in: J. Ac. Philad., *v.* 8 p. 331.
Nordamerika.

C. similis R. Templ. 1836 *C. s.*, R. Templeton in: Tr. ent. Soc. London, *v.* 1 p. 197.

C. vitiensis Dana 1848 *C. v.*, J. D. Dana in: P. Amer. Ac., *v.* 1 p. 151.
Viti-Inseln (Vanua Lebu).

C. vulgaris Desm. 1825 *C. v.*, A. G. Desmarest, Consid. gén. Crust., p. 425 t. 39 f. 11.
(Kollektivart.)

C. vulgaris C. L. Koch 1838 *C. v.*, C. L. Koch, C. M. A., fasc. 21 nr. 4.
Regensburg.

C. spinulosus Cls. 1863 *C. s.*, C. Claus, Freileb. Cop., p. 102 t. 10 f. 5, 5^1 t. 11 f. 13.
(Merkmale von *Eucyclops prasinus* Fisch. und *Paracyclops fimbriatus* Fisch.)

C. puffini I. C. Thomps. 1888 *C. p.*, I. C. Thompson in: P. Liverp. biol. Soc., *v.* 2 p. 65 t. 1 f. 1—9.
Ist wahrscheinlich eine parasitische Art und gehört nicht zu den *Cyclopoida Gnathostoma.*

Nachtrag

Gen. **Eucyclops** Cls.

E. (Eucyclops) cognatus Kiefer 1929 *E. c.*, F. Kiefer in: Zool. Anz., *v.* 80 p. 313 f. 8.

Dem *E. (E.) euacanthus* O. Sars sehr ähnlich. Furcaläste 5mal so lang wie breit, an ihrer Basis ziemlich weit voneinander abstehend, nahezu parallel; Medialrand kahl, Lateralrand mit einer kurzen, aus verhältnismäßig feinen Dörnchen bestehenden Säge versehen; medialste Endborste haarförmig, $2^1/_2$ mal so lang wie die lateralste, dornartige. Die 12gldr. ♀ Vorderantennen reichen kaum zum Hinterrand des Cephalothorax; Membran der 3 Endgl. sehr schmal, außerordentlich fein gezähnelt. Dornen des P_1—P_3 von normalem Aussehen, die des P_4 besitzen Anzeichen lanzettlicher Ausbildung. P_5 dem des *E. (E.) euacanthus* ähnlich. Rec. sem., Eierballen und ♂ unbekannt. — L. ♀ kleiner als 1 mm.

Südafrika (Pondoland, 2 ♀♀).

Gen. **Cyclops** Müll.

C. (Megacyclops) Donnaldsoni Chapp. 1929 *C. (M.) D.*, Chappuis in: Bull. Soc. Cluj, *v.* 4 p. 52 f. 3, 4.

Morphologisch etwa eine Mittelform zwischen *C. (M.) viridis* (Jur.) und *C. (M.) latipes* Lowndes. Furcaläste 3mal so lang wie breit, Seitenrandborste zu Beginn des letzten Viertels eingelenkt; Medialrand schwach behaart; medialste Endborste 3mal so lang wie die lateralste. Die 1. Antennen des ♀ 17gldr., etwa bis zum Hinterrand des Cephalothorax reichend. Endgl. des $Enp._4$ kurz, 1,4mal so lang wie breit; von den beiden Enddornen ist der mediale 1,25mal so lang wie der laterale. P_5 ähnlich dem des *C. (M.) viridis.* Rec. sem. unbekannt. — L. ♀ 1,45 mm.

Nordamerika (Donnaldson-Höhle im Staate Indiana).

C. (Diacyclops) Jeanneli Chapp. 1929 *C. (D.) J.*, Chappuis in: Bull. Soc. Cluj, *v.* 4 p. 52 f. 1, 2.

Den Arten *C. (D.) bisetosus* Rehb. und *C. (D.) crassicaudis* O. Sars nahe stehend. Hinterränder der Abdsegm. sehr schwach ausgezackt. Analoperculum nicht besonders entwickelt. Furcaläste 3,5mal so lang wie breit; Seitenrandborste zu Beginn des letzten Drittels entspringend; medialste Endborste doppelt so lang wie die lateralste. Die 1. Antennen des ♀ 17gldr., ein wenig über den Hinterrand des Cephalothorax hinausreichend. Endgl. des $Enp._4$ kurz, 1,5mal so lang wie breit, am Ende mit einer langen medialen Fiederborste und einem kurzen lateralen Dorn bewehrt. P_5 2gldr., ähnlich dem des *C. (D.) crassicaudis.* Rec. sem. nicht genau bekannt, dem des *C. (D.) crassicaudis* vielleicht ähnlich. Das Gensegm. des ♂ stark aufgetrieben. — L. ♀ 0,9 mm.

Nordamerika (Marengo-Höhle im Staate Indiana).

Gen. **Mesocyclops** O. Sars

M. (Thermocyclops) macracanthus Kiefer 1912 *Cyclops oithonoides* (non O. Sars) (part.), Douwe in: Ergeb. D. Zentr.-Afr. Exp. 1907/08, *v.* 3 p. 489 t. 9 f. 8 | 1929 *Mesocyclops (Thermocyclops) macracanthus*, F. Kiefer in: Zool. Anz., *v.* 80 p. 314 f. 9.

Dem *M. (T.) hyalinus* nahe stehend. Furcaläste etwa 2,75 mal so lang wie breit; medialste Endborste mehr als doppelt so lang wie die lateralste. Die 17 gldr. Vorderantennen reichen knapp bis zum Hinterrand des 3. Thoraxsegm. Endgl. des $Enp._4$ rund 3,5 mal so lang wie breit; der mediale Enddorn ist sehr lang (über 4 mal so lang wie der laterale). P_5 wie bei *M. (T.) Schuurmanae* Kiefer. Rec. sem.: Fig. 39. — L. ♀ 0,92 mm.

Afrika (ostafrikanische Seen, Transvaal).

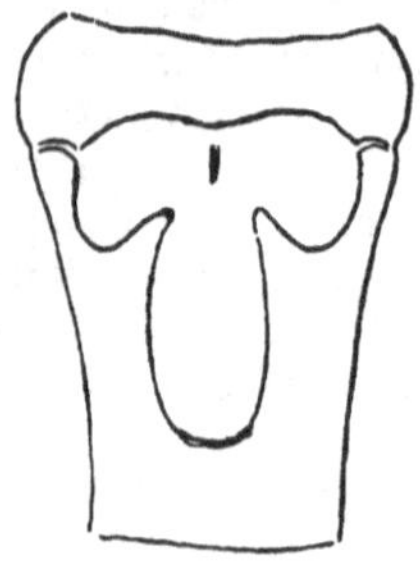

Fig. 39. **M. (T.) macracanthus** ♀. Rec. sem. (Orig.).

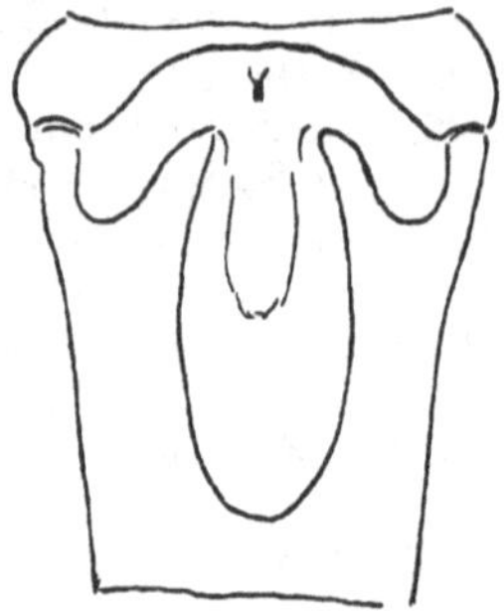

Fig. 40. **M. (T.) infrequens** ♀. Rec. sem. (Orig.).

Fig. 41. **M. (T.) retroversus** ♀. Rec. sem. (Orig.).

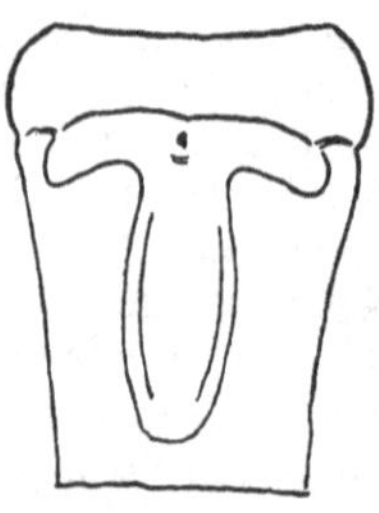

Fig. 42. **M. (T.) decipiens** ♀. Rec. sem. (Orig.).

M. (T.) infrequens Kiefer 1929 *M. (T.) i.*, F. Kiefer in: Zool. Anz., *v.* 80 p. 315 f. 10.

Dem *M. (T.) hyalinus* ähnlich. Furcaläste $2^1/_2$ mal so lang wie breit, ziemlich stark gespreizt. Die 17 gldr. Vorderantennen reichen etwa bis zum Hinterrand des 2. Thoraxsegm. Endgl. des $Enp._4$ ungefähr 3 mal so lang wie breit; medialer Enddorn etwa doppelt so lang wie der laterale, aber kürzer als das Gl.; beide sind kräftig, gerade. Die beiden Höcker der Verbindungsplatte der Füße des 4. Paares stehen weit auseinander und sind mit kräftigen Dörnchen besetzt. P_5 wie bei *M. (T.) Schuurmanae* Kiefer. Rec. sem.: Fig. 40. — L. ♀ 1,1 mm.

Südafrika (Transvaal).

M. (T.) retroversus Kiefer 1929 *M. (T.) r.*, F. Kiefer in: Zool. Anz., *v.* 80 p. 315 f. 11.

Dem *M. (T.) Emini* ähnlich. Furcaläste gespreizt, rund $2^1/_2$ mal so lang wie breit; medialste Endborste wenig länger als die lateralste, die dorsale beinahe so lang wie die lateralste. Die 17gldr. ♀ Vorderantennen reichen etwa bis zum Hinterrand des 3. Thoraxsegm. Bau und Bewehrung des Endgl. vom $Enp._4$ ähnlich denen des *M. (T.) macracanthus* Kiefer. Die Verbindungsplatte der Füße des 4. Paares besitzt 2 kleine, weit voneinander abstehende, mit feinen Dörnchen besetzte Höcker. Rec. sem.: Fig. 41. — L. ♀ 0,6 mm.

Südafrika (Transvaal).

M. (T.) decipiens Kiefer 1929 *M. (T.) d.*, F. Kiefer in: Zool. Anz., *v.* 80 p. 316 f. 12.

Dem *M. (T.) hyalinus* sehr nahe stehend; unterscheidet sich von diesem insbesondere durch die Form des Rec. sem. (Fig. 42), dessen schmalen, vorderen Seitenteile besonders zu beachten sind. — L. ♀ kleiner als 1 mm.

Afrika (Belgisch-Kongo).

Alphabetisches Register

Nomenclator generum et subgenerum

von C. Apstein

Acanthocyclops subgen. Fr. Kiefer in: Zool. Anz., *v.* 73 p. 305. 1927. Sp.: *Cyclops (A.) vernalis.*

Afrocyclops G. O. Sars in: Ann. S. Afr. Mus., *v.* 25 p. 121. 1927. Sp.: *A. Gibsoni.*

Bryocyclops Fr. Kiefer in: Zool. Anz., *v.* 73 p. 307. 1927. Sp.: *B. anninae, bogoriensis, menzeli.*

Ciclops [pro *Cyclops*, O. F. Müller, 1776] Brian in: Mem. Soc. ent. Ital., *v.* 6 p. 28. 1928. Sp.: *C. albidus.*

Cryptocyclops G. O. Sars in: Ann. S. Afr. Mus., *v.* 25 p. 129. 1927. Sp.: *C. assimilis.*

Cyclopella C. Claus in: Arb. Inst. Wien, *v.* 10 p. 287. 1893.

Cyclopetta G. O. Sars, Crust. Norway, *v.* 6 p. 18. 1913. Sp.: *C. difficilis.*

Cyclopina C. Claus, Freileb. Cop., p. 103. 1863. Sp.: *C. gracilis.*

Cyclopinella G. O. Sars, Crust. Norway, *v.* 6 p. 16. 1913. Sp.: *C. tumidula.*

Cyclops O. F. Müller, Zool. Dan. Prodr., p. 200. 1776. Sp.: *C. lacinulatus, caeruleus, claviger, chelifer, brevicornis, finmarchicus, quadricornis.*

Diacyclops subgen. Fr. Kiefer in: Zool. Anz., *v.* 73 p. 306. 1927. Sp.: *Cyclops (D.) bicuspidatus, bisetosus, crassicaudis.*

Ectocyclops G. S. Brady in: P. zool. Soc. London, part 2 p. 124. 1904. Sp.: *E. rubescens.*

Eucyclops subgen. C. Claus in: Arb. Inst. Wien, *v.* 10 p. 348. 1893. Sp.: *Cyclops (E.) serrulatus, prasinus, macrurus.*

Euryte A. Philippi in: Arch. Naturg., *v.* 9 I p. 63. 1843. Sp.: *E. longicauda.*

Graeteriella V. Brehm in: Arch. Hydrob. Planktonk., *v.* 16 p. 314. 1925. Sp.: *G. crinita, Racovitzai, troglodytes, operculata, surinamensis.*

Halicyclops A. M. Norman in: Ann. nat. Hist., ser. 7 *v.* 11 p. 368. 1903. Sp.: *H. aequoreus.*

Hemicyclops subgen. C. Claus in: Arb. Inst. Wien, *v.* 10 p. 348. 1893. Sp.: *Cyclops (H.) aequoreus.*

Herouardia Labbé in: Arch. Zool. expér., *v.* 66 p. 191. 1927. Sp.: *H. paradoxa.*

Heterocyclops subgen. C. Claus in: Arb. Inst. Wien, *v.* 10 p. 348. 1893. Sp.: *Cyclops (H.) affinis.*

Homocyclops Subgen. E. B. Forbes in: Bull. Illinois Laborat., *v.* 5 p. 49. 1897. Sp.: *Cyclops (H.) ater.*

Leptocyclops G. O. Sars, Crust. Norway, *v.* 6 p. 70. 1914. Sp.: *L. agilis, speratus, Lilljeborgi, macruroides, macrurus.*

Limnoithona subgen. Burckhardt in: Zool. Jahrb., Syst. *v.* 34 p. 421. 1913. Sp.: *Oithona (L.) sinensis.*

Lophophorus G. S. Brady, Cop. Brit. Isl., *v.* 1 p. 121. 1878. Sp.: *L. insignis.*

Lophophorus Temminck, Hist. nat. Pigeons Gallin., *v.* 2 p. 355, *v.* 3 p. 673. 1815. Sp.: *L. refulgens.* Aves.

Macrocyclops [pro *Makrocyclops*, C. Claus, 1893] R. I. Pocock in: Zool. Rec., *v.* 30 Crust. p. 33. 1894.

Makrocyclops subgen. C. Claus in: Arb. Inst. Wien, *v.* 10 p. 347. 1893. Sp.: *Cyclops (M.) coronatus, tenuicornis.*

Megacyclops subgen. Fr. Kiefer in: Zool. Anz., *v.* 73 p. 305. 1927. Sp.: *Cyclops (M.) viridis.*

Mesocyclops G. O. Sars, Crust. Norway, *v.* 6 p. 57. 1914. Sp.: *M. obsoletus, oithonoides, crassus, Dybowskyi, gracilis.*

Metacyclops subgen. Fr. Kiefer in: Zool. Anz., *v.* 73 p. 308. 1927. Sp.: *Mesocyclops (M.) gracilis.*

Microcyclops [pro *Mikrocyclops*, C. Claus, 1893] R. I. Pocock in: Zool. Rec., *v.* 30 Crust. p. 33. 1894.

Mikrocyclops subgen. C. Claus in: Arb. Inst. Wien, *v.* 10 p. 347. 1893. Sp.: *Cyclops (M.) gracilis, diaphanus, varicans, bicolor.*

Monoculus Linné, Syst. Nat., ed. 10 p. 634. 1758. Sp.: *M. polyphemus, foliaceus, apus, pulex, pediculus, quadricornis, conchaceus, lenticularis, telemus.*

Neocyclops R. Gurney in: Tr. zool. Soc. London, *v.* 22 p. 460. 1927. Sp.: *N. salinarum.*

Oithona W. Baird in: Zoologist, *v.* 1 p. 59. 1843. Sp.: *O. plumifera, splendens.*

Oithonella subgen. Mörch in: Rink, Grønl., *v.* 2 Tillaeg p. 79. 1857. Sp.: *Marsenina (O.) micromphala.* Gastr.

Oithonella G. O. Sars in: Norske Nordhavs-Exp., *v.* 6 nr. 15 p. 79. 1886. Sp.: *O. helgolandica.*

Oithonopsis G. S. Brady in: Ann. Durban Mus., *v.* 1 p. 140. 1915. Sp.: *O. farrani.*

Orthocyclops subgen. E. B. Forbes in: Bull. Illinois Laborat., *v.* 5 p. 51. 1897. Sp.: *Cyclops (O.) modestus.*

Pachycyclops G. O. Sars, Crust. Norway, *v.* 6 p. 64. 1914. Sp.: *P. signatus, bistriatus, annulicornis.*

Paracyclops subgen. C. Claus in: Arb. Inst. Wien, *v.* 10 p. 348. 1893. Sp.: *Cyclops (P.) canthocarpoides, fimbriatus.*

Paroithona Farran in: Sci. Invest. Fish. Ireland (1906), pars 2 app. 2 p. 89. 1909. Sp.: *P. parvula.*

Platycyclops G. O. Sars, Crust. Norway, *v.* 6 p. 76. 1914. Sp.: *P. phaleratus, affinis, fimbriatus.*

Pterinopsyllus G. S. Brady, Cop. Brit. Isl., *v.* 3 p. 23. 1880.

Scribella J. D. Dana in: Ann. nat. Hist., *v.* 18 p. 183. 1846.

Thermocyclops subgen. Fr. Kiefer in: Zool. Anz., *v.* 73 p. 308. 1927. Sp.: *Mesocyclops (T.) oithonoides.*

Thorellia A. Boeck in: Forh. Selsk. Christian., p. 249. 1864. Sp.: *T. brunnea.*

Tropocyclops subgen. Fr. Kiefer in: Zool. Anz., *v.* 73 p. 303. 1927. Sp.: *Eucyclops (T.) prasinus.*

FSC
www.fsc.org
MIX
Papier | Fördert gute Waldnutzung
FSC® C083411

Zeitfracht Medien GmbH
Ferdinand-Jühlke-Straße 7
99095 Erfurt, Deutschland
produktsicherheit@kolibri360.de